縁の下の UIデザイン

小さな工夫で大きな効果をもたらす
実践TIPS＆テクニック

池田拓司
Ikeda Takuji

技術評論社

本書は、小社刊の以下の刊行物をもとに、大幅に加筆と修正を行い書籍化したものです。

- 『WEB+DB PRESS』Vol.98〜127「縁の下のUIデザイン──少しの工夫で大きな改善！」

詳細は「初出一覧」のページを参照してください。

はじめに

　本書はWebサービスやスマートフォンアプリを中心にUIデザインのノウハウをさまざまな角度からまとめた本です。普段あまり語られることのない、「細かなデザインの工夫がどのような意図を持っているか」「なぜこのデザインが使いやすいのか」などを具体的な事例を使って解説しています。

　本書の内容は、2017年4月から2022年2月までの5年間「WEB+DB PRESS」にて連載したコラムをもとにしたものです。書籍化にあたりすべての内容を見直し、大幅に加筆修正を加えています。また、連載では取り上げていない新規の書き下ろし記事も6つ加えました。

　普段ユーザーとしてサービスを使っていても、「なぜこの配色になったのか」「ボタンがなぜここにあるのか」といったことを考えることは少ないと思います。しかし、そのような普段目に留まることのないような何気ないデザインも、すべて意図があって作られています。そして、使いやすい・わかりやすい・楽しいと感じられるサービスの陰には、細かなUIデザインの工夫が丁寧に積み重ねられているはずです。

　そこで本書では、そういった工夫をテーマごとに分けて掘り下げました。色や文字といったUIデザインを構成する基本的な要素から入り、具体的な機能やコンポーネントについて、そしてサービスを使うユーザーの体験を意識したデザイン、ツールやコミュニケーションにも着目します。最後の章では、実践から少し離れて考えたことにも触れています。このようにテーマごとにまとめているため、最初から最後まで順番に読む必要はありません。興味を持った箇所から読んでいただければと思います。そのため、ちょっとした隙間時間や気分転換として読んでいただくのにも適しています。

本書はUIデザインの本ではありますが、以下のようなサービス開発に関わるさまざまな方にお勧めします。

- **デザイナー**
- **エンジニア**
- **プロダクトマネージャー・ディレクター**

自分のデザインの視野を今以上に広げたいUIデザイナーや、UIデザインに興味を持っているデザイナーはもちろん、チームにデザイナーがおらず実装だけではなくUIデザインまで担っているエンジニア、機能追加や改善についてデザインのラフまで自分で考えているディレクターなど、デザイナー以外の方も本書を読むことによって、UIデザインの実践的な理解が深まり、サービスのクオリティアップに役に立てていただけると思っています。

なお、本書の内容により説得力を持たせるため、実在するさまざまな魅力的なサービスのキャプチャ画像を利用させていただきました。この場を借りてお礼申し上げます。

2023年3月　池田 拓司

初出一覧

本書は、WEB+DB PRESS Vol.98〜127に連載されたコラム「縁の下のUIデザイン ── 少しの工夫で大きな改善！」をもとに、大幅に加筆・修正を行っています。また、本書に際し新規に書き下ろした記事もあります。

取り上げているWebサービスなどは、連載当時からデザインが変更されているもの、サービスが終了しているものなどは新しい例に変更しています。ただし、より適切な例が見つけられなかったものや現在でも取り上げる価値があるものはそのまま掲載しています。

章	タイトル	初出
第1章	赤の使い方	Vol. 100
第1章	上手に配色するためのコツとテクニック	Vol. 117
第1章	ユーザーに使い方を文字で説明するためのUI	Vol. 127
第1章	動きによる楽しさの演出	Vol. 105
第2章	「いいね！」の効果的な使い方	Vol. 104
第2章	保存のデザインの使い分け	Vol. 110
第2章	未読と既読のデザイン	Vol. 126
第2章	情報の更新をどう表現するか	新規
第3章	ボタンのデザインと使い分け	Vol. 118
第3章	数値の入力・選択に適したUI	Vol. 125
第3章	カードUIの向き不向き	Vol. 112

章	タイトル	初出
第3章	メッセンジャーサービスにおけるデザインの工夫	新規
第4章	エラーと確認	Vol. 99
第4章	受動的な体験のデザイン	Vol. 106
第4章	異なるユーザー層へのデザイン	Vol. 108
第4章	待ち時間中のユーザーへの配慮	Vol. 101
第4章	待ち時間を短く感じさせる方法	新規
第4章	コンテンツがないときに考えること	新規
第5章	画像はどう置く？	Vol. 98
第5章	長くなりがちなコンテンツをどう見やすくするか	Vol. 102
第5章	横配置メニューの項目数が多くなった場合の表現	Vol. 122
第5章	「もっと見る」をちゃんとデザインする	Vol. 103
第5章	入力フォームを1画面にする？ 分割する？	Vol. 114
第5章	画面単位ではなく、画面遷移を意識した改善	Vol. 120
第6章	エンジニアに意識してほしいこと	Vol. 116
第6章	初期リリースにおける理想像とのずれをどうするか	Vol. 119
第6章	「○○っぽいデザイン」のエッセンス	Vol. 124
第6章	デザインシステムで、使い勝手・デザイン・コードに統一感を持たせる	Vol. 123
第6章	UIデザインのためのGoogle アナリティクス	Vol. 121
第6章	説得力・納得感のあるデザインにする工夫	新規
第7章	今、iOS/Androidアプリのデザインガイドラインにどう向き合うか	Vol. 111
第7章	業務利用サービスのデザイン	Vol. 107
第7章	中国のスマートフォンアプリの共通項	Vol. 109
第7章	長押しを使ったデザインの可能性	Vol. 115
第7章	「当然そうなるだろう」という思い込みを考慮する	新規

初出一覧

縁の下のUIデザイン
小さな工夫で大きな効果をもたらす実践TIPS&テクニック

はじめに iii

初出一覧 v

目次 vii

第1章

色、文字、動きによる見せ方の工夫　　　　　　　　　1

赤の使い方　色が与える直感的な印象を活かす 2

　赤が与える基本的な印象 2

　数字表現での赤 3

　　赤の効果的な利用法 3

　　あえて赤を避けている事例 4

　削除ボタンでの赤 5

　　赤の効果的な利用法 5

　　赤を使わないほうがよい場面 6

　インジケータでの赤 7

　　多い状態が赤の効果的な利用シーン 7

　　少ない状態が赤の効果的な利用シーン 7

上手に配色するためのコツとテクニック 9

　完成イメージが湧く配色を早くから考える 9

　　テーマカラー以外の色も合わせて検討する 9

　　構成と配色をセットで検討する 10

　無彩色に一手間加えた表現 12

　　寂しい印象に見えるときには少しだけ色を入れる 12

　　グレーではなく「透過」も意識する 13

ユーザーに使い方を文字で説明するためのUI 15

　❶特定の条件でだけ（たとえば初回に一度）見ることができる 15

　❷常に説明を見ることができる 17

　❸ユーザーが見たいときにだけ表示させて見ることができる 18

動きによる楽しさの演出　コンテンツの変化や操作へのフィードバック 20

　変化があるコンテンツ 20

　アニメーションとトランジション 22

　　タップ時のフィードバックアニメーション 23

　　画面移動時のトランジション 25

第2章

機能表現の工夫   27

▌「いいね！」の効果的な使い方 28

ライトフィードバックの目的と設計 28
直感的に簡単に操作できるボタン設計 28
「いいね！」の言い換えについて 29
コンテキストを読んだライトフィードバック 29
ネガティブなライトフィードバック 30
送り手の感情に強弱を付ける 32

保存とライトフィードバックの違いを明確にする 33
コンテンツ作者と読者の良い循環を作る 34

▌保存のデザインの使い分け 35

さまざまな保存のUI 35
一覧編集画面での実践事例 37
ⓐ自動保存 38
ⓑ行ごとに保存ボタン 38
ⓒすべて保存ボタン 40

▌未読と既読のデザイン 42

無駄な未読表現を控える 43
未読数を出すもの、出さないものを分ける 43
数字が意味している情報を明確にする 44
未読を既読にするタイミングを考える 45

▌情報の更新をどう表現するか 48

ⓐお知らせ画面で更新情報を伝える 48
ⓑモーダルを使って伝える 49
ⓒ詳細画面に更新情報のスペースを設ける 50
ⓓ一覧と詳細にアイコンで組み込む 50
ⓔ履歴管理機能を備える 51
ⓕメールや通知を送る 52

第3章

UIコンポーネントの使い方による工夫   55

▌ボタンのデザインと使い分け 56

状態によるバリエーションとデザインのポイント 56

　　　形状のバリエーションとデザインのポイント 57
　　　同じアクションを異なるボタンで実現する事例 57
　　　ガイドライン上での考え方 60
　　　プライマリボタンとセカンダリボタン 60
　　　複数のボタンを画面内で利用する場合の考え方 61

数値の入力・選択に適したUI 64
　　　テキストフィールド（キーボード入力） 64
　　　プルダウンメニュー 65
　　　スライダー（シークバー） 66
　　　ステッパー 68

カードUIの向き不向き 70
　　　カードUIが効果的な場面 70
　　　　　不均一な情報をきれいに整理する 70
　　　　　個々のコンテンツの主張を強くする 72
　　　テーブルをカードUIに置き換えるときの注意点 74
　　　　　レスポンシブデザインを作りやすい 74
　　　　　情報の比較がしにくくなる 75

メッセンジャーサービスにおけるデザインの工夫 76
　　　基本的な画面設計 76
　　　複数の状態設計 77
　　　テキスト以外の情報要素の配置と優先度 79
　　　多くの要素をコンパクトに見せる工夫 80

目
次

第 **4** 章

ユーザーの行動への配慮　　　　　　　　　83

エラーと確認　スムーズな手続きを実現するには 84
　　　効果的にエラーを伝えるには 84
　　　　　自由な振る舞いをさせるためのUI 84
　　　　　文体や色への気配り 85
　　　状況に応じた確認手段を用いる 85
　　　　　確認をできるだけ減らして完了 86
　　　　　何を確認してもらうことが大切か 86
　　　ストレスのないスムーズな流れを意識する 87

受動的な体験のデザイン　「なんとなく眺める」を快適にするには 90
　　　受動的な体験とは 90
　　　　　ゴールが明確ではない体験 90
　　　　　潜在的なユーザーニーズをさぐる 91

受動的な体験をデザインするための工夫 93
　ハンズフリー（操作しなくてよい）な体験作り 93
　コンテンツの重みとフィードのデザイン 94
　興味の範囲と深さのバランス 95

異なるユーザー層へのデザイン 97

重なり合わないユーザー層 97
　ユーザー層によって画面を分ける 97
　もう片方のユーザー層のことをイメージしやすくする 98
重なり合うユーザー層 98
リテラシーの異なるユーザー層 101
　慣れやすい体験を作る 101
　習熟度の高いユーザー向けのUI 101

待ち時間中のユーザーへの配慮 104

待ち時間を表す代表的な2つの表現 104
　スピナー 105
　プログレスバー 105
待ち時間をデザインするうえでの工夫 106
　別の操作をできるようにする 106
　キャンセル、時間制限 107
　手間をかけた表現 107

待ち時間を短く感じさせる方法 109

待ち時間を短くするための2つの手段 109
　エンジニアがオーナーシップを持ちやすい施策 109
　デザイナーがオーナーシップを持ちやすい施策 110
待ち時間が減ったように感じさせるための事例 110
　スケルトンスクリーン 110
　読み込み時間を細分化する演出 112
　TIPSの表示や世界観の演出 113

コンテンツがないときに考えること 116

画面全体が空の状態と画面の一部が空の状態 116
画面全体が空の状態での対応策 117
　ユーザーの行動によって状態を解消できるケース 117
　ユーザーの行動によって状態が解消できないケース 119
画面の一部が空の状態での対応策 120
　そのままにする 120
　ないことを伝える 121
　コンテンツを可変にする 122

第5章

画像はどう置く? 位置、大きさ、そろえ方 124

左側に置く? 右側に置く? 124
要素の位置関係と情報の重要性 124
画像が入らない場合と読みやすさ 125

画像をメインに使い感性に訴えかける 125
写真を全面にゆとりをもって配置 125
あえてそろえない雑誌的な体験 126

一覧をタップした先の情報量を意識した画面デザイン 127

長くなりがちなコンテンツをどう見やすくするか 130

要素を追加する際に意識すること 130
すでにある要素を削る。または分け合う 131
効果の最大化を意識する 131
面積比率をルール化する 132

長くなった場合の対応法 132
画面内のキーとなる要素を知る 133
追加要素を分散させる 134
一部の要素を隠す 134

横配置メニューの項目数が多くなった場合の表現 136

横に配置するメニューを使うときの注意点 136
縦方向に比べ、一度に表示できるメニュー件数が少ない 136
複数の階層構造を一度に表示しにくい 137

横配置メニューの件数が増えた場合の対応事例 137
スクローラブルにするパターン 138
最後のメニューにまとめるパターン 139
複数段にするパターン 140
長押しで表示するパターン 140

「もっと見る」をちゃんとデザインする 142

「もっと見る」を使うシーン 142
❶複数の切り口をコンパクトに見せるために使う場合 142
❷連続する情報を途中で切るときに使う場合 143

「もっと見る」をどう配置するか 144

「画面遷移する」か「その場で開く」か 145

「もっと見る」か「カルーセル」か 146
快適な閲覧なら「もっと見る」 147
気軽に情報を横断するには「カルーセル」 147

入力フォームを1画面にする? 分割する? 148

目次

   分割するかしないかの基準 149
      コンバージョン重視ならできるだけ分割しない 149
      モバイルならスクロールよりタップ移動のほうが行いやすいので分割する 149
      じっくり編集したり、あとからの更新が多かったりする場合は分割する 150
   分割しないときの工夫 151
      チャットUIで受動的に入力を完了させる 151
      入力タイミングを分ける 152
   分割する場合の2つの方法 152
      種類で分ける 152
      重要度で分ける 152

画面単位ではなく、画面遷移を意識した改善 154
   画面単位での改善の落とし穴 154
   画面遷移を意識した改善の手順 155
      体験をストーリー単位で考える 155
      すべての画面変化を書き出す 156
      「課題」と「解決案」を記載する 157

コミュニケーションとツール 159

エンジニアに意識してほしいこと 160
   実装の認識合わせ 160
      実装方法を知りたい 160
      デザインに制限がかかるライブラリを利用するかを知りたい 161
      負荷による制限を教えてほしい 162
   デザイナーのこだわりとの付き合い 163
      再現の精度を上げてほしい 163
      リッチな表現や細やかな表現を行いたい 165

初期リリースにおける理想像とのずれをどうするか 167
   考えておかなければいけない観点 167
      情報がどれくらい充実するか 167
      ミニマム状態から理想状態まで継続して開発できる体制 168
   意識すべきデザインのポイント 169
      選択肢を絞った検索体験を提供する 169
      情報を自動ではなく手動で選んで表示する 171
      件数の多さではなく、一つ一つの情報の密度を高める 171

「○○っぽいデザイン」のエッセンス 173
   「○○っぽさ」の3つの観点 173
      ❶ UIデザインを指すパターン 173

❷体験そのものを指すパターン 174

❸利用者の傾向を指すパターン 174

具体的な活用事例 175

UIデザインのエッセンスを引き出す 175

対象サービスに適したエッセンスを考える 176

デザインシステムで、使い勝手・デザイン・コードに統一感を持たせる 178

デザインシステムとはどういうものか 178

構築メリット 178

含まれる要素 179

エンジニアとデザイナーの役割分担 179

具体的な実践事例 180

Googleの事例 180

GitHubの事例 182

UIデザインのためのGoogle アナリティクス 185

見ておきたいユーザーデータ 185

タップ数を計測して仮説検証をする 186

どういう仮説があって何を検証するか 186

どのように定義するか 187

実際のデータを見て仮説が正しかったかを考える 188

説得力・納得感のあるデザインにする工夫 191

一緒に仕事をする人の好みや癖を読み取る 191

できるだけ言葉を添えてデザインを説明する 192

他社の事例などの情報を上手に参考にする 193

デザインに関連する知識を役立てる 194

示差性について 194

第 7 章

考察、雑感

197

今、iOS/Androidアプリのデザインガイドラインにどう向き合うか 198

HIGとMaterial Designの現状 198

AndroidとiPhone、それぞれ別のUIを作るのか 200

基本的なコンポーネントの類似性の向上 201

開発環境の変化 202

人気アプリの画面構造の実態 202

常にガイドラインに従うべきか 204

ガイドラインのコンポーネントと、体験に適した自由な表現 204

スマートフォン画面の巨大化と標準コンポーネントのギャップ 206

▊業務利用サービスのデザイン　多くの情報、専門用語をどう見やすく表示するか 207

ウィンドウの幅を意識する 207
テーブルレイアウトを工夫する 207
右隅に重要な要素を配置する場合に注意する 209
横幅が可変なサイドバー 209

文字情報を工夫する 210
ボタンの文字を動詞にする 211
説明することを惜しまない 211

▊中国のスマートフォンアプリの共通項　所変わればデザイン変わる 213

見た目の共通項 213
アイコンとグラデーションを使った下層への動線 213
ディテールの作り込み 215

使い勝手の共通項 217
画面キャプチャのUI 217
場所選択のUI 218

▊長押しを使ったデザインの可能性 220

長押しが使われている身近な事例 220
イヤホンのBluetoothペアリング 220
ゲームでのスキップ 221

アプリやWebサービスでの利用 222
ガイドラインでの言及 222
アプリで利用されている事例 223
ゲームでの利用方法をスマートフォンで検証 224

▊「当然そうなるだろう」という思い込みを考慮する 226

メンタルモデルとは? 226
思い込みと違う動きによる苛立ち 227
思い込みのアップデート 229
ユーザーの思い込みを逆手にとった楽しさの演出 230

終わりに 232
索引 234

1

色、文字、動きによる
見せ方の工夫

赤の使い方
色が与える直感的な印象を活かす

　UIデザインには、AppleのHuman Interface GuidelinesやGoogleのMaterial Designのようなガイドライン[注1]がありますが、そのほかにもサービスを超えて共通的に認識されている、お決まりのルールや定番も存在します。

　たとえば、2017年6月15日にTwitterはユーザーアイコンを四角形から円形に変更しました[注2]。2015年2月24日にはLINEも同様にユーザーアイコンを円形に変更しています[注3]。このようにユーザーアイコンを円形にするサービスが増えており、今では定番化した表現になっています。

　この変更で画像の四隅が切り抜かれてしまい、ユーザーにとって意図しない形になってしまうのはデメリットにつながることも想像できます。しかし、特定のサービスの枠を超えて定番化することで、丸く切り抜かれた写真を見ればユーザーなんだなと認識がしやすくなるというメリットがあります。

　上記のように形という観点もあれば、色という観点でも受け取られる印象を活かした定番の使い方が存在します。今回は特に色の中でも、UIをデザインするうえでよく使われる「赤」の使い方を取り上げます。

▍赤が与える基本的な印象

　色には人間が感じ取る印象があり、それぞれ違いがあります。赤は、「危険」「活気がある」「情熱的」「熱い」などの印象があり、さまざまな場面で定番の表現として使われています。UIにおいては「危険」「注意」などを表現する要素として用いることが多くあります。たとえば何か要素を消してしまうときに実行直前に注意を促す文字の色に利用したり、車のガソリンがな

注1　後述する第7章の「今、iOS/Androidアプリのデザインガイドラインにどう向き合うか」(198ページ)で詳しく説明します。

注2　https://blog.twitter.com/official/ja_jp/topics/product/2017/TwitteJP1.html

注3　https://twitter.com/LINEjp_official/status/570144280339042304

くなりそうになるとメーターが赤く点滅したり、エラーメッセージに用いたりすることもあります。

　ただやみくもに使うのではなく、サービスの特徴やユーザーに与えたい印象によっても使い方を変えるとよいでしょう。

数字表現での赤

　まず、数字に赤を用いるケースはよくあります。ネガティブな表現に用いる場合や、数字が減っていることを表現する場合です。そのため、たとえば値下がりしたセール品の価格を表示する場合にもよく用いられます。

赤の効果的な利用法

　図1は、Google アナリティクス[注4]のホーム画面でサイトのデータを表している部分です。矢印の向きと数字に注目してください。特に左から3つ目の直帰率の数字は7日前と比較して増えていますが、赤く表示されています。直帰率は増えてしまうと悪化したことになります。数字が上がったか減ったかではなく、そのサイトにとってポジティブかネガティブかによって数字の色が緑か赤かで表現されているのです。

　また、クラウド会計サービスを提供する freee[注5]は、支出には赤、収入には青を使っています（**図2**）。

　会計ソフトでは、支出なのか収入なのかを間違えることは問題となります。そのため、それらをしっかりと区別しておくことがUIで大切なことだと言えます。

図1　　Google アナリティクス（PCサイト）のホーム画面

注4　https://www.google.com/analytics/web/?hl=ja

注5　https://www.freee.co.jp/

図2 freee (iPhoneアプリ) の取引一覧画面

あえて赤を避けている事例

　家計簿サービスを提供するZaim[注6]は、お金を取り扱うという点では図2のfreeeと同様ではありますが、支出を赤で表現はしていません (**図3**)。家計簿では何にいくら使ったかを見ることが多くほとんどが支出です。仮に赤い文字を使うと画面の印象が真っ赤になり、利用者もちょっとげんなりしてしまいそうです。

　会計は数字を間違えないように処理することが大切ですが、Zaimは自分の生活を振り返ったりお金を楽しく使ったりするために利用することもあり、数字の増減を強く強調する必要性はないためあえて赤を利用しなくてよいと感じます。

　同じ数字の上下を扱うサービスでも、その数字がユーザーにとってどのような意味を持つかによっても赤を使うべきかなど表現方法が変わってくるのです。

注6　https://zaim.net/

図3 Zaim (iPhone アプリ)の履歴画面

削除ボタンでの赤

削除は破壊的な行為のため、一度実行してしまうと取り返しがつかない場合がほとんどです。そのため、ユーザーに注意を促すため赤を用いて表現されることがよくあります。

ただし、削除行為自体はユーザーに頻繁に行ってほしいものではない場合がほとんどです。どのタイミングでどう赤を用いて注意を促すかがポイントです。

赤の効果的な利用法

iPhoneの写真アプリでは、写真画面での削除を表すUIはアイコンで周りと馴染むように表現しています(**図4**)。そして、削除を確認するアラートで、**図5**のように最終的な削除ボタンを赤い文字で表現しています。

図4 写真(iPhoneアプリ)の削除アイコン

図5　写真（iPhone アプリ）の削除確認のためのアラート

写真画面では写真に注目するべきで、削除行為自体は目立つ必要はありません。いつも削除を赤く目立たせて表現するのはお勧めできません。

赤を使わないほうがよい場面

Holiday[注7] は、「みんなで作るおでかけエリアガイド」を提供しています。**図6** は筆者が投稿したプランの編集画面です。編集画面において削除は欠かせない機能ではありますが、一度投稿したものを削除するのは頻繁に行うことではありませんし、サービス提供者としても削除してほしい場面は多くありません。赤を利用して強調などはせずに画面の一番下に設置されていることから、そのことを察することができます。

図6　Holiday（iPhone アプリ）のプラン画面

注7　https://itunes.apple.com/jp/app/ ホリデー - みんなで作るおでかけエリアガイド -holiday/
id962231929?mt=8

1
色、文字、動きによる見せ方の工夫

インジケータでの赤

　容量などを表すUIであるインジケータでも、赤を用いることがよくあります。**図7**の**ⓐ**と**ⓑ**は、色の変化がそれぞれ逆の2つのパターンです。赤で終わる場合、赤から始まる場合それぞれ表現したい内容によってどちらを使うかが変わるため注意が必要です。

図7　　色の変化が異なる2タイプのインジケータ

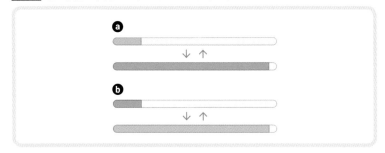

多い状態が赤の効果的な利用シーン

　これまで書いてきたように赤は「注意」を表します。図7**ⓐ**のように多くなるにつれて赤に変化するのは、たとえば容量制限があるストレージサービスで規定容量に達しそうな場合や、家計簿サービスなどであらかじめ設定されていた予算に近付いた場合です。多くなっていることをユーザーに喚起する必要があるケースです。

少ない状態が赤の効果的な利用シーン

　一方で、図7**ⓑ**のように少なくなるにつれて赤に変化するケースは逆です。前述のガソリンの量を表す場合は、足りない状況で注意を促さなければいけません。ほかにもカウントダウンするタイマーやスマートフォンのバッテリなどが該当します[注8]。

注8　また少し違った観点では、初期設定やユーザー登録などステップの進捗を表す場合にもこれに似たUIを用いることがあります。ステップが進むこと自体はポジティブな表現ではあるため図7**ⓑ**に近いと言えますが、注意を促す必要はないためあえて赤を用いることもなさそうです。

このほかにも、赤はUI上いろいろな場面で使われています。一見、注意やエラーを表す定番化した色だから使いやすいと考えがちではあります。しかし、どういったユーザー体験を提供したいかを踏まえないと、定番化されているだけに意図を取り違えられてしまう可能性もあります。

　なお、今回は赤という色の特性について紹介しましたが、赤や緑は色弱の方にとっては黒と見分けがつきにくい色でもあります。そのため、色の違いだけで重要な情報を表すことは避けることもお勧めします。

1

色、文字、動きによる見せ方の工夫

上手に配色するためのコツとテクニック

　UIデザインだけに限らず、プレゼン資料の作成時など、どのような配色にするか考える機会は意外と多いものです。少しでもユーザーに配慮した配色ができるようになると、与える印象も変わってきます。

　色の持つ意味や考え方などゼロから学ぼうとするとそれなりの時間と経験が必要です。そこで今回は、主にUIデザインの配色選定をするうえで、最近私がよく考えることや指導するときによく話をするテクニックについて解説します。明日からでも実践できるような内容なので参考にしてください。

完成イメージが湧く配色を早くから考える

　ゼロから新しいサービスやサイトなどを作る際、早い段階で完成イメージが湧く色で考えることが大切です。

　最初にメインで使う色選びは理想的にできても、サービスを作っていく過程で必要な色が増えていき、その都度判断に迷う、ということが起こりがちです。そうならないように、事前にあとの工程のこともできるだけ考えておくことでスムーズに進められます。

テーマカラー以外の色も合わせて検討する

　UIデザインでは、ボタンの色やヘッダの色などUIに必要なテーマカラー[注1]だけではなく「エラー時に表示するメッセージの色」「動作が完了したことを伝えるメッセージの色」「操作できないdisableなフォームの色」などテーマカラー以外の色も必要になります。最初にテーマカラーだけを決めてそれ以外の色はあとから雑になんとなく決めてしまいがちですが、そうするとテーマカラーとの親和性など全体的な調和がとれなくなってしまいます。

　テーマカラーを決める際に、そのトーンを合わせて**図1**のようにあらかじめ考えておくことで、全体的な調和が整えやすくなるのです。

注1　サービス内で利用するメインカラー、アクセントカラー、サブカラーなどの色のことです。

図1 テーマカラー検討時にエラーなどの色も同時に検討する

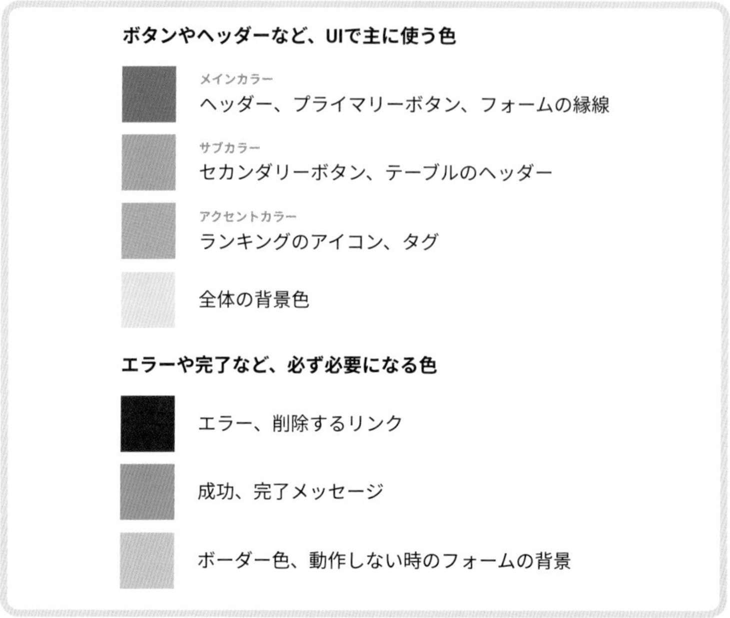

ボタンやヘッダーなど、UIで主に使う色

メインカラー
ヘッダー、プライマリーボタン、フォームの縁線

サブカラー
セカンダリーボタン、テーブルのヘッダー

アクセントカラー
ランキングのアイコン、タグ

全体の背景色

エラーや完了など、必ず必要になる色

エラー、削除するリンク

成功、完了メッセージ

ボーダー色、動作しない時のフォームの背景

構成と配色をセットで検討する

画面のデザインを考える際、大きく2つのデザイン要素がまず考えられます。それは「構成」(レイアウト)と「配色」(トーンアンドマナー)です。

これら2つの要素を行ったり来たりしながらあるべき姿にデザインしていく必要がありますが、この2つの要素は別々に考えられがちです。特に「構成」はワイヤフレームとして、「配色」はカラーパレットとして作られ、その2つを合わせていくようなプロセスでデザインされていることが多いように感じています。

しかし、「配色」はどこにどの色をどれくらいの面積で使っていくか、隣にどんな色が来るかなど、「構成」と切り離せません。**図2**は、カラーパレットだけではなくワイヤフレームとセットでシミュレーションしている事例です。

シンプルなWebサービスなどの場合、画面の構成(レイアウト)は「一覧画面」「詳細画面」「フォーム画面」など一般的なパターンが使われることが多く、それ以外の奇抜で珍しい画面を使うケースはあまりありません。簡単でもよいので、ワイヤフレームとカラーパレットをセットで考え、どういった感じでできあがるかを早い段階で作っておきましょう。そうすることで、チーム内やクライアントとのコンセンサスも取りやすくなるのです。

この方法を試すためのサンプルファイルをFigma Communityの私のページ[注2]から複製して使うことができます（**図3**）。気になった方は、まずこのファイルを使って検討してみるとイメージが湧くと思います。

図2　よく利用されるスマートフォンの画面パターンに当てはめて配色を考えている

図3　Figmaファイルの複製画面

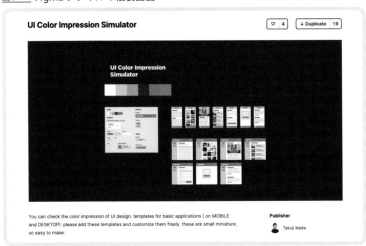

注2　https://www.figma.com/community/file/823034839513472700

無彩色に一手間加えた表現

色には有彩色と無彩色があります（**図4**）。有彩色は赤、黄、青などの色のあるもの、一方で無彩色は、白、黒、グレーなど色がないものを指します。わずかでも色が入っているものは有彩色と呼びます。

UIをデザインする際、背景色、ボーダー色、補足テキストなど、いろいろな場面で無彩色を利用することがあります。有彩色を複数用いるよりも、無彩色を組み合わせることによって色数を制限できます。それにより、複数使っても全体のトーンが維持され統一感が保たれるのです。しかし、無彩色を使いたい場面でも、工夫して有彩色を使ったほうが効果的なこともあります。

図4 　　有彩色と無彩色の違い

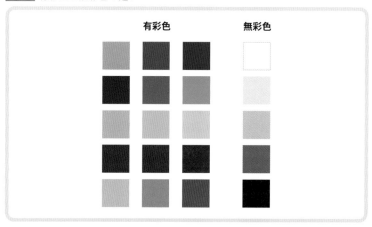

寂しい印象に見えるときには少しだけ色を入れる

背景に色を敷きたい場合、明るいグレーはよく利用する色です。しかし、このような場合でも無彩色にせず、少しだけ色を入れた有彩色を私はよく使います。

図5❶の背景は無彩色のグレーです。❷は一見❶と同じに見えますが、少し色が入った有彩色です。❶のように、広い範囲に無彩色を利用すると、全体的に無機質で寂しい印象になりがちです。そのような場合は、❷のようにテーマカラーなどで利用している色を少しだけ混ぜた有彩色を使うことで、全体の調和がとれ美しく見えます。色数を増やさずに全体の調和を

図5　無彩色のグレーを利用した場合（ⓐ）と、少しだけ色を混ぜた場合（ⓑ）

とりながら明るい印象を出したい場合は、この方法がお勧めです。

グレーではなく「透過」も意識する

　操作できないボタンや入力できないフォーム、操作のガイドを表す要素なども、無彩色を使って表現することが多くあります。しかし、これらの背景色が有彩色の場合、美しく見えないことがあります。

　図6はステップを示したUIです。現在ユーザーがいる地点ではない場所に、ⓐは無彩色を利用し、ⓑは背景の色と馴染むように無彩色を透過させて使っています。透過させることで、ユーザーには背景に馴染んだ有彩色

図6　無彩色をそのまま背景に用いたパターン（ⓐ）と無彩色を透過させてなじませたパターン（ⓑ）の比較

として見えます。このように、無彩色のグレーを単独の色として考えるのではなく全体の調和の中で考えてあげると、美しさと機能を兼ね備えたデザインにつながるのです。

————————————

　色は、ユーザーの第一印象を決める大切な役割もありますが、細かい機能の使い勝手やわかりやすさを向上させる役割も担います。それぞれで使う色単体でとらえるのではなく、画面やサービス全体を見渡しながら配色を決めることがデザインの向上につながるのです。

ユーザーに使い方を
文字で説明するためのUI

　ユーザーに提供するサービスが直感的なデザインで、訪れた際に何ができるのかが説明なしでパッと理解できる状態が望ましいことは言わずもがなです。しかし、それは簡単なことではありません。また、そういう状態を実現できていると運営者側が勘違いをしてユーザーに使い方が何も伝わっていないと不親切になってしまいます。特にB2B（*Business to Business*、企業間取引）サービスなどビジネス用途の場合、何をどこでどのように行うかの理解ができていないと業務が正しく回らないことになってしまいます。そうなると運営者への問い合わせの数も増えてしまい、ユーザーサポートやCS（カスタマーサクセス）チームの負荷も増えてしまいます。

　サービス上で一言説明が添えてあったり、気の利いた位置にヒントが書かれていたりすることで、こういった負荷の軽減にもつながります。今回は、画面や機能の意味、また注意しなければいけない動作に、ユーザーに対して文字を使ってどのようにアプローチするとよいか、いくつかのケースを紹介します。

　ユーザーに文字を使って説明をする場合、ユーザーがその内容とどう接触するべきかを考えないといけません。その手段が適切でないと、ユーザーが気付けなかったり不便に感じたりしてしまいます。「実は説明が書いてありました」では後の祭りです。

❶特定の条件でだけ（たとえば初回に一度）見ることができる

　常に説明を見ることができる状態である必要はないが、最初だけまたは特定のタイミングだけ見ることができれば十分であるといったこともあります。そんなときは、何の機能がどこにあるかを示すコーチマーク（図1ⓐ）や、ユーザーが表示しようとしている画面の直前でモーダルを表示し説明を挟む（図1ⓑ）ようにして対応できます。この方法を使えば直接画面に説明を書かなくて済むため、画面をシンプルに保つことができます。

　しかし、コーチマークやモーダルで説明した情報は、ユーザーがあとか

ら見たいと思ったときに見ることができない点に注意しないといけません。その必要がある場合は、後述する❷❸の方法を検討する必要があります。

　図2は、架空のグルメサービスの初回画面でユーザーの行動範囲を伺う画面です。複数の都道府県を選択できますが、3つまでしか選択できない仕様です。そのため、この説明をどこかに書いておいてあげたほうが親切だと言えます。その手段として、4つ目を選んだ際にアラートを出して説明をするパターン（図2❶）と、後述する❷のように直接画面に3つしか選択できないことを書くパターン（図2❶）の両方ともが考えられます。

<u>図1</u>　　ナビゲーションの位置を示すコーチマーク、何の画面か説明するためのモーダルの事例

<u>図2</u>　　特定の条件でだけ表示するパターン（❶）と常に説明を見ることができるパターン（❶）の違い

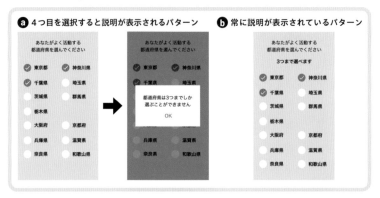

どちらも間違ってはいませんが、この画面の選択肢は「都道府県」になっています。グルメという観点においては、4つ以上の都道府県をまたいでよく行くエリアに登録する人はあまり多くない気がします。そういう場合、4つ以上選ぶことはイレギュラーと考え、ⓐのパターンで良いように思います。一方で選択肢が市区町村といった小さいエリアの単位であったり、ラーメン・寿司・イタリアンといったグルメのジャンルのようなケースで選択数に制限を設けないといけない理由があったりする場合は4つ以上選ぶことも普通です。その場合はⓑのパターンのほうが親切だと考えられます。

❷常に説明を見ることができる

　ユーザーが必ず目にしてほしい説明は、常に見ることができる状態にしておく必要があります。たとえば、画面の意味を理解してもらうため説明が必要な場合 (**図3**ⓐ) や、あらかじめ注意を促しておかないといけないような場合 (図3ⓑ) です。それ以外にも、画面上のほかの要素と合わせて読むことによって意味をなす説明も、常に見ることができる状態にするほうが利便性は上がります。

　しかし、❶で紹介した方法や❸で後述する方法とは異なり画面に直接記載するため、分量が多くなってしまうと文字の占有面積の割合が高くなり

図3　　画面の説明、注意を記載する事例

ます。そうなると複雑な印象を与えたり逆にわかりにくくなったりしてしまうため注意が必要です。そういった状況になった場合は、❶の特定の条件だけで見られるようにする方法や、❸の任意で見ることができる方法をお勧めします。

図4はレンタルスペース予約サイトのスペースマーケットです。非公開設定の内容と注意点について常にユーザーが見える状態で説明しています。画面を広く使うことのできるPC画面だと、左側に必要な入力フォームを配置して右側に補足となる説明を配置すると、邪魔にもなりにくくスペースを有効活用できます。

図4 スペースマーケットで右側に非公開設定の内容と注意点を表示している事例

❸ユーザーが見たいときにだけ表示させて見ることができる

画面に常に表示されていなくても、ユーザーが説明を見たいときにだけ自分で表示させて見ることができる方法に、ツールチップ（**図5**）などがあります。❷の画面に常に表示させておく方法と比較すると、画面内の文章量を最小限にできるため、ごちゃごちゃせずに済みます。しかしユーザーにとってはひと手間かかるため、どこをクリックすれば説明を見ることができるかわかるように配置しなければいけません。必ず見てほしいような説明には向きませんが、ユーザーが困ったときに手助けになるような情報を表示する場合は便利です。

説明を長々と書くのには向かないため、分量が多くなる場合はヘルプページなどに遷移できるよう画面を分けてあげることも手段の一つです。

図5 ユーザーが見たいときにだけ見ることができるツールチップの事例

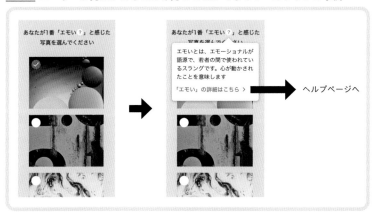

今回は、ユーザーが機能の使い方や画面の内容への理解を高められるよう、文字を使って説明をする方法をいくつか紹介しました。サービスを作っていると、機能的なことばかりに目が行きがちです。ユーザーにとって必要な説明があるかという目線でも、サービスを一通り見回すとよいと思います。開発者は、言葉を使わずに頑張って操作性を上げたり、レイアウトでどうにかしようとしたりしてしまいがちですが、場合によってはちゃんと文章を書くことも武器になると思います。

動きによる楽しさの演出
コンテンツの変化や操作へのフィードバック

　UIデザインのクオリティを高める目的は、ユーザーにとっての使い勝手を良くするためだと考えがちです。しかしUIデザインのクオリティは、使い勝手だけでなくさまざまな部分に影響があります。

　中でも、ユーザーが受け取る「印象」は、サービスにとって大切な要素です。特に「このサービスは楽しそうだな」「このサービスを使っているとワクワクするな」と感じてもらわなければいけないことは多いと思います。

　しかし、サービスを作る過程において、「わかりやすいか、使いやすいか」と比べると、「楽しいか」という観点はなかなか意識されないように感じます。楽しいという感覚は、相対的に考えることや数値で置き換えることが難しい観点なのかもしれませんが、大切な要素です。

　デザインの工夫により、「楽しさ」を演出するための方法はいくつもあります。「色」「フォント」「文章の体裁」「レイアウト」などさまざまです。今回は、その中でも「動き」について紹介します。

　ユーザーがサービスを使う中で、いろいろなコンテンツを見たり操作したりすることで、動きによる楽しさを実感します。サービス全体からすると小さなことかもしれませんが、ユーザーの気持ちに働きかける効果は大きなものになると考えます。

変化があるコンテンツ

　ユーザー数、アイテム数、価格など変動する要素を用いることで、サービスの盛り上がりを通して楽しさを表現できます。また、そのサービスがユーザー投稿型であれば、それを利用することで賑わいを演出でき、楽しさを表現できます。

　図1は、ナビゲーション中心のUIに対して少しずつ変化を付けた例です。

　❶はナビゲーションしかありません。自分の求める情報にアクセスしやすいという点では効率的かもしれませんが、ユーザーが毎日訪れても変化を感じることはできません。

図1 情報の変化と楽しさの変化

ⓐ ナビゲーションのみ表示 　 **ⓑ** 来場者数も表示 　 **ⓒ** 「今日の見どころ」も表示

ⓑはナビゲーションだけだった情報に日々変化する来場者数を出したパターンです。数字が出たことでナビゲーションの位置が下がってしまいましたが、変化があり活気のあるサービスに感じられます。

ⓒはさらに、毎日更新される「今日の見どころ」を出しています。あえて毎日変化する日付を入れることによって、アクティブな印象を与えています。しかし、ナビゲーションの位置自体は下がってしまったため、次の画面にいくアクセス経路としてのUIという観点では不便になったとも言えます。

こういった場合、ホーム画面には更新される情報を優先し、固定された項目は画面上部にハンバーガーメニューで表示させることが増えています。

コスメ・美容の総合サイト「@cosme」[注1]のiPhoneアプリでは、クチコミ数が画面上部に表示されます（**図2**）。

クチコミ自体が画面に表示されていなくても、数値の上昇がユーザーに伝わることによって、サービスが賑わっている感を演出できると考えます。

「Yahoo!ショッピング」[注2]の商品ページでは、画面上部に「現在X人がカートに入れています」画面下部に「24時間以内に注文した人がいます」（**図3**）。といった、ほかのユーザーを感じられる動きの要素をページ内で使っています。他人の存在を感じさせることで実際に買っている人をリアルに感じさせ、見ているユーザーの行動を促そうとしていることがうかがえます。

注1　http://www.cosme.net/

注2　https://shopping.yahoo.co.jp/

図2　@cosmeのiPhoneアプリ

図3　Yahoo!ショッピングのスマートフォンWeb

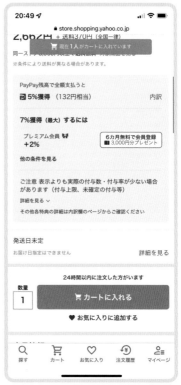

アニメーションとトランジション

　ユーザーが何か操作した際に、気持ち良くなる動きを付けてあげることは、ユーザーにとって楽しくなるきっかけになります。たとえば、面倒な手続きをしなければいけない画面や日々の煩わしいオペレーションなど楽しさとは相入れないような操作に対して、気持ちの良い動きがあればユーザーにとって良い体験に変わるかもしれません。

　ただし、一瞬であるがゆえに、ついついやりすぎてしまうこともあります。やりすぎると逆効果になってしまうため、その動き自体に何か意味を付けてあげることが必要になります。効果的に使うことでユーザーの操作を楽しく病み付きにする効果も持っています。

　サービス上のアニメーション表現を作る際に、筆者はアニメーション用

ライブラリの Lottie^{注3} を活用することが過去にありました（**図4**）。Lottie は民泊サービスを運営する Airbnb が開発しています。After Effects などの動画作成アプリケーションで作ったデータを Web サイトで活用しやすくするものです。LottieFiles^{注4} では参考になるデモなども豊富にあるため、表現の参考にもなります。よろしければ、調べてみてください。

図4___ アニメーションライブラリ Lottie

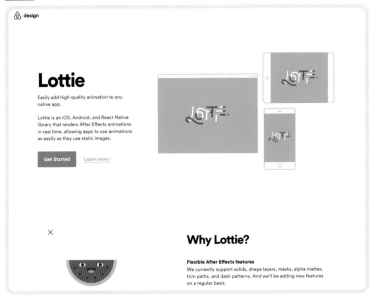

タップ時のフィードバックアニメーション

　ユーザーがボタンやアイコンなどをタップした際にタップした対象に動きを付けてあげることで、その行為自体が楽しく感じられ、またやってみようというきっかけになることが多くあります^{注5}。

　ショート動画プラットフォーム「TikTok」では、ハートアイコンをタップとハートが小さく縮んで放射状のラインとともに跳ねる動きがついて「いいね」されます。動画をコンテンツとして扱うプラットフォームではベースに

注3　https://airbnb.design/lottie/

注4　https://lottiefiles.com/

注5　このような細かな操作に対して付ける工夫を、一般的にはマイクロインタラクションと呼びます。

動きがあるため、より豊かな表現にするためには動きをつけることが欠かせません（**図5**）。

　一見見逃してしまうような動きかもしれませんが、ただ色が変わるだけよりも気持ち良く感じられ、この感覚をまた味わいたいという気持ちから押す回数が増えるかもしれません。

　タップ時やクリック時の動きは、エンターテイメント性が強いゲームなどのUIが参考になることが多くあります。

　『Nintendo Labo』[注6]で用いられている早送りボタンは、ボタンを引っ張ることで動画の速度のコントロールが可能です（**図6**）。引っ張ることでボ

図5　　TikTokのiPhoneアプリ

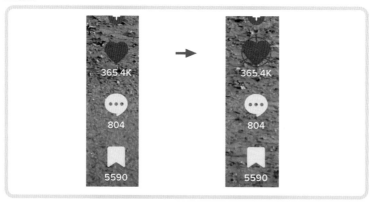

図6　　『Nintendo Labo』の早送りボタン

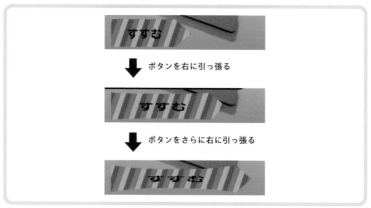

ボタンを右に引っ張る

ボタンをさらに右に引っ張る

©2018 Nintendo

タン自体が伸びるアニメーションが表示され、速度が上がることをわかりやすく伝えながら、楽しさも両立させた事例です。ユーザーのアクションに合わせてボタンの形状が伸びるようデザインされています。

　細かな変化ではありますが、実際に何かを引っ張っているかのような演出が心地良く感じます。

画面移動時のトランジション

　画面と画面の間をつなぐための効果であるトランジションを工夫することで、楽しい使い心地にすることができます。特にスマートフォンアプリでは、画面を切り替える場面がよくあります。その動きを工夫することで、何が起こったかをわかりやすく伝えることはもちろん、同時に楽しさも感じてもらえるきっかけになります。

　「SmartNews」では、タブからタブに移動する際に、紙をめくっているような動きが付きます（**図7**）。これまで新聞を読んでいた経験があるユーザーにとっては、この紙をめくるような体験が、毎朝そして夕方の時間にアプリを起動しようと無意識に思わせることにつながるかもしれません。

図7　SmartNews の iPhone アプリでのタブの画面送り

　UI デザインの改善は見やすい、わかりやすい、使いやすいといったユーザビリティへの効果が期待されることがほとんどで、操作していて楽しいことへの配慮は忘れられがちです。しかし、目標に向かって改善する際に小さな動きにも着眼して施策を考えてみることで、新しい切り口が思いつ

くかもしれません。そして、楽しさを大切なエッセンスとしてちゃんと取り扱うことが、そのサービスのファンを獲得していくことへの大切な要素になるとも考えられます。

　また、楽しいという観点はユーザーにとってだけではなく開発者たちにとっても、プロジェクトのプロセスが楽しくなる雰囲気を作るきっかけになることもあると思っています。

1

色、文字、動きによる見せ方の工夫

2

機能表現の工夫

「いいね!」の効果的な使い方

SNS (*Social Networking Service*) などのコミュニケーションサービスを利用している人にとって、「いいね!」などフィードバックをする行為は最も身近なアクションであり、頻繁に接するUIかもしれません。

Facebookの登場以降「いいね!」はスタンダードになり、多くのサービスに同様の機能が実装されています。しかし「いいね!」の役割や目的をはっきりと理解しないと、ユーザーにしてほしいことと機能の間にギャップが生じることがあります。今回はアイコンをタップすることなどによりコンテンツに対して簡単にフィードバックできる、ライトフィードバックのUIについて考えます。

ライトフィードバックの目的と設計

まず、ライトフィードバックの目的は、「簡単」にコンテンツにフィードバックを返せるようにすることです。感想をコメントで書く場合は内容などをあらかじめ考える必要がありますが、考えることなくアクションできる手軽さがあるため、より多くのフィードバックを集めることができます。また、そのおかげでコメントも内容の濃いものが集まりやすくなるため、アクションが明確に差別化できます。

冒頭に紹介したFacebook、写真共有SNSのInstagramなどは「いいね!」ボタンを押すと、「いいね!」した数や誰がアクションしたかがわかる最もシンプルな設計です。

しかし、近年のサービスは、ライトフィードバックをした人の感情を表現したり、コンテンツ作者に自分の存在をアピールしたりできるといった設計の工夫も広がっています。

直感的に簡単に操作できるボタン設計

「いいね!」の機能の売りは、コンテンツを見たユーザーが深く考えることなく直感的にフィードバックを送れることです。そのため、「いいね!」

はコンテンツの近くに配置する必要があります。「隠れていて気付きにくい」「小さくてなかなかタップできない」といったことがないように、アクションしやすい設計にすることが基本です。

「いいね!」の言い換えについて

「いいね!」がよく使われていることから、あえて「Good!」「便利!」「よさそう!」など異なるワーディングで個性を出そうとしているケースに出会ったことが何度かあります。しかし、その変更自体が有効に感じたことはありません。

別の言葉にするかを考えるよりも、スタンダードな「いいね!」で実装しユーザーの反応を見てから個性を出すことを考えても遅くはないと筆者は考えます。

コンテキストを読んだライトフィードバック

図1のGitHubでは、コメントに対していくつかの絵文字からフィードバックするアイコンを選ぶことができます。図2のSlackでは、文章の書き主と受け手の間に多様な絵文字を使ったコミュニケーションが可能で、自分で新しい絵文字を追加できるほどです。

このように複数の軸のフィードバックができるサービスが登場したのには、2つの背景があると考えます。

1つ目は、「いいね!」という1軸では不十分になった点です。たとえば、「風邪を引いた」「何か身内に不幸があった」ことを連絡目的でSNSに投稿するユーザーも少なくありません。この場合、「いいね!」はコンテキストには合わないため、合ったリアクションを返してあげる必要があります。逆に写真投稿に対するリアクションなどコンテキストを考える必要があまりないものに対しては、1軸で十分であることも多いはずです。

2つ目は、賑やかさの演出という観点です。図2のSlackはリリースを社内に報告した場合の反応の事例ですが、1軸のアクションよりも、複数の絵文字が画面上に可視化されることでその場の盛り上がりを表現できています。

図1 GitHubのPC Web

図2 ___ Slack の iPhone アプリ

kudakurage 11:05
【Remind】今日は🐙HOTATEで
す！！！！
今月のアツい取り組みについて書きまし
ょう！
仕事・プライベート・趣味などは問わ
ず、学びがあったりこだわりのあること
であればなんでもOKです！

takujiikeda 22:14
会員費用の振込依頼書テンプレ作ってお
きました

2

機能表現の工夫

ネガティブなライトフィードバック

　図3のYouTubeのように「よくない！」評価をすることができるサービス
もあります。ⓐのように「いいね！」の評価には数が表示されていて「よくな
い！」の評価については、ボタンは押せても何人が良くない評価をしている
かは見ることができません。ⓑは数年前の同じYouTubeアプリです。過去
には良くない評価の数も見ることができました。ネガティブな評価は、誹
謗中傷などを加速させるセンシティブな機能でもあると思っています。そ
のため、オープンにする場合は十分配慮する必要があります。このフィー
ドバックが付いていることで、不適切な投稿をしづらい環境を作ったり、
仮にそういうものが投稿されたとしてもそれが目に付きにくい状態を作れ
たりするといったメリットもありますが、その分リスクもあると考えます。
良くない評価の数はオープンではなくなったものの、図4のように動画投
稿者の管理画面ではちゃんと確認できます。これらの情報も動画クリエイ
ターにとっては参考になるものでもあると思います。ユーザーができるア
クションとその反応を表示するかということは分けて考えてもよいことの
ように感じています。

図3 YouTube の iPhone アプリ

図4 YouTube のクリエイター向け管理画面

「いいね！」の効果的な使い方

送り手の感情に強弱を付ける

　はてなが提供するはてなスター(**図5**)はスターの色と数が指定でき、ユーザーのアイコンとともに可視化されます。色ごとに稀少性が変わるため、貴重な色のスターを使ったユーザーは目立つことができ、加えて作者に対してありがたさを強く表現することもできるのです。

　コンテンツ作者へのフィードバックにも段階があり、その先にはコンテンツに対してお金を払って買うというアクションがつながっているとも考えられます。自分が作るべき機能、ユーザーに接してもらうUIがどのようなものか内容に合わせて考えなければいけません。

図5　　はてなブログに付いたはてなスター

保存とライトフィードバックの違いを明確にする

　ライトフィードバックは、しばしば「お気に入り」「クリップ」といった「保存」のための機能と混同されがちです。基本的にライトフィードバックは相手に対して付けるため、あとから自分のために振り返る目的はありません。そのため、ブックマーク的な機能と混同しないように注意が必要です。

　図6のTwitterには「いいね」というライトフィードバックのアクションがありますが、これを保存としての役割として使っていたユーザーも少なくないと考えます。しかし、「いいね」は誰がアクションをしたかが第三者に見えてしまいます。そのため保存やブックマークの機能は非公開を望むユーザーの声が多いことが考えられ、「ブックマーク」という機能が2018年2月に実装されました。

　実際に**図7**のInstagramでも、「いいね！」と「保存」は異なった機能として提供されます。

図6　Twitterの「いいね」

図7　Instagramの「いいね！」と保存
（左側のハートのアイコンが「いいね！」、右側のしおりのアイコンが保存）

コンテンツ作者と読者の良い循環を作る

コンテンツ作者にとって、読み手のフィードバックがあるからこそ投稿のモチベーションが高まるのです。投稿したときにユーザーの反応を気にするようになり、良い反応があるとまた投稿したくなります。そして投稿と反応のループが起こり、それがサービスの活性化につながるのです。「いいね！」というそれだけに目を向けるのではなく、この循環を作るために何が必要なのかをちゃんと考えることが大切なのです。

「いいね！」から始まったライトフィードバックも、感情を表現するために複数の種類からわかりやすく選択できたり、保存の機能と混同しないよう表現したり、さまざまな配慮をしてデザインしなければいけない奥の深いUIだと考えています。まずはシンプルに必要な機能を付けて、アクションするユーザーとそれを受け取るコンテンツ作者の反応を見ながら広がりを考えていくのがお勧めです。

保存のデザインの使い分け

　管理画面や設定画面、ツールなど一連の行程を終えたときの「保存」は重要なアクションです。保存するアクションのアイコンに「フロッピーディスク」が使われていることが、概念に齟齬が出ているということで時折話題になります。

　「保存」の概念は、技術やデバイスの変化に伴いユーザー体験に合わせた形で多様化しました。そして、UIデザインもそれに合わせて選択が求められています。今回は多様化する「保存」にどう適切なUIデザインをしていくかに焦点を当てます。

さまざまな保存のUI

　保存というアクションは、ただ「保存ボタンを押す」ということではありません。一つのサービスの中でもさまざまな使い方をします。筆者も含め多くの開発者が利用するメッセンジャーアプリSlackの設定画面には、3種類の保存のUIが使い分けられています（**図1**）。

　ⓐはメッセージの形状を選択するUIです。ラジオボタンを変更すると「saved!」というメッセージが表示され、保存ボタンなしで保存されたことがわかります。

　ⓑは言語を選択するUIです。プルダウンを別の言語に変更しようとすると、確認のためのダイアログが出るようになっています。仮に**ⓐ**のように自動的に保存されると、インタフェースの言語が別のものに切り替わってしまい万が一誤操作であった場合にユーザーは意味がわからなくなってしまうリスクがあります。そのため、ダイアログで一度確認するようになっています。

　ⓒはプロフィールを設定する画面です。**ⓐⓑ**に関しては項目ごとに保存がありましたが、**ⓒ**はまとめて行います。「Full name」や「Display name」など一通りの情報を入力してまとめて内容を確認して保存できます。

図1　Slack の設定画面（macOS アプリケーション）

※ 2022年11月現在は、ⓐ自動保存のSaved!というフィードバック、ⓑ確認のためのダイアログは表示
されなくなっていますが、わかりやすい参考事例として過去のものをそのまま掲載します。

一覧編集画面での実践事例

　図2は、会社のスタッフを管理するための一覧編集画面で、今回の解説用にサンプルとして作ったものです。図1のSlackでの事例も踏まえたうえで、どういった保存のUIが最適か検証してみます。下記の筆者なりの解説

図2　　スタッフ管理のための一覧編集画面

図2　　スタッフ管理のための一覧編集画面

を読む前に、自分だったら❶❷❸のどのUIを実装するか考えてみることで、より理解が深まります。

❶自動保存

　自動保存の利点は、保存のし忘れを防げることです。PCなどでの作業中、何らかの理由でデータが消えるリスクを防ぐことができます。一方で、慎重に変更する必要があるデータには向きません。よく考えて保存すべき内容がすぐに書き換えられてしまうからです。

　今回のこの画面は、スタッフの名前やメールアドレス、報酬などスタッフにとっての大事な情報が記載されているため、内容の変更に慎重さが求められます。したがって、自動保存には向いていないと筆者は思います。

　自動保存のメリットとして「データが消えるリスクを防ぐことができる」ことを挙げました。これにより、ドキュメントの作成や画像編集時の誤操作によって作業時間が台なしになってしまうことがなくなります。筆者も、この原稿を書いているエディタは自動保存です。また、普段UIデザインを作るときに利用するツール、SketchやFigmaも自動保存のため安心して作業ができます。自動保存する場合でも、保存されたことをユーザーに伝えてあげることをお勧めします（**図3**）。

図3　Figmaで保存のショートカットを入力したときのメッセージ

❷行ごとに保存ボタン

　行ごとに保存ボタンを置くことの利点は、❶のように自動的に保存されるわけでもなく❸のようにすべて保存するわけではない、必要に応じてこまめに保存できるという点があります。行ごとの保存であるため、一連の作業が行ごとに行われることが想定できる場合に効果的です。

　図4の赤い枠が行ごと、緑の枠は列ごとの囲みです。今回の例で想定できることとして、特定のスタッフの情報を更新するようなケースであれば、行ごとにボタンを用意して保存できることが有効です。しかし、バランスをとりながら全スタッフの報酬を変更するといったケースでは、行ごとではなく列ごとでの保存ができることが有効です。しかし、どちらにも保存

ボタンを付けると画面が煩雑になってしまいます。それであれば、後述する❻のようにすべて保存するようにしたほうがシンプルになります。

　また、いろいろな部分を変更していると、どこを保存していて、どこを保存していないかわからなくなってしまう可能性もあります。ユーザーの行動を想像して、タイミング良く保存できるように意識してください。Google Chrome を使ってフォームの情報を入力している途中で別の画面に移動しようとすると、図5のようなダイアログが表示されます。ユーザーが情報を書き換えて保存せずに別の画面へ移動する場合、変更が破棄されることを伝えることができます。アプリや Google Chrome 利用者以外に対してもこのような対応ができると丁寧になるでしょう。

図4　　行単位に保存する画面の縦軸と横軸

図5　　Google Chrome でフォーム画面から別の画面に移動しようとしたときに表示されるダイアログ

ⓒ すべて保存ボタン

　すべて保存するボタンを置くことの利点は、画面に配置されている項目全体を配慮しながら保存できる点にあります。ⓑのように行単位で毎回保存していくわけではなく、保存ボタンを押すのは一度でよいため、シンプルで作業が楽というメリットもあります。また、全体をすべて保存できることで保存したという実感も得られやすいです。

　しかし、すべて保存するボタンを置く場合でも、ページをまたいでの保存には注意が必要です。一覧編集画面のようなケースでは、**図6**のように複数の画面に項目がまたがりページャが付く場合もあります。ほかのページも含めてユーザーに保存させる場合、何が変更されたかわからなくなるリスクが伴います。1つのページで保存が完結するように設計しましょう。

　また、先の状態が想像できないような変更を行う場合は、ⓐのような自動保存ではなくⓑ ⓒのように保存ボタンをちゃんと設けましょう。**図7**はGmailのテーマ変更ダイアログです。デザイン変更などは、「実際にどういったデザインになるかのプレビューを確認してから保存したい」と思うケースがほとんどです。すぐに変更が確定される自動保存ではなく、確認できる状態を作ったうえで、キャンセルまたは変更を保存できるよう注意しましょう。

　このように、1つの画面でもさまざまな保存のUIが考えられます。どれ

図6　ページャが付いた一覧編集画面

図7　　Gmailのテーマ変更ダイアログ

が正解というわけではありませんが、今回のスタッフ管理アプリケーションのケースであれば、以下のように筆者は考えます。

- じっくり考えながら行う操作や突然変更されると良くないケースが含まれていることから、❶の自動保存は不向き
- 行ごとだけでなく列ごとに思考する可能性があるため、❷の場合ユーザーの思考とずれるのと、保存回数が多くなる可能性があるため不向き
- 全体を見渡しながら、ユーザーが思ったときにまとめて保存ができる。保存前に何度も値を調整できることから❸が向いている

　今回は「保存」をテーマに最適なUIはどれか検証しました。サービスの特性により最適なUIは異なります。そのため、最適なUIを生み出せるよう、ユーザーの行動を想像して考えるプロセスが大切です。

未読と既読のデザイン

メーラーやニュースアプリなどインターネットを通じて情報を受け取る際、自分がその情報をまだ見ていないことを明確にしてくれる機能は、ユーザーにとってとても便利です。代表的な表現には、スマートフォンアプリアイコンに数字が表示されたバッジを付ける、リスト上のコンテンツの背景色に色を付ける、未読のコンテンツと既読のコンテンツの表示を別の画面に分ける、などをして見分けがつくようにする例が挙げられます。**図1**の❶は、アイコンをタップした先に何件の未読の情報があるのかをバッジで表現した事例です。1はiPhoneのホーム画面にある楽天市場のアイコンに2件の未読があることがわかります。2はLINEアプリのニュースタブで未読があることはわかりますが、1と違い件数は表示されていません。また図1の❷は、表示されている情報そのものが未読か既読かを表した事例です。1は植物のコミュニティアプリGreenSnapのお知らせ画面です。ここでは、コンテンツの背景に色をつけて未読と既読とがわかるようにしてい

図1 未読表現の事例

ます。2はInstagramのタイムラインに表示されるメッセージです。ここでは、既読の情報は隠してしまい、画面自体を分けています。

　過度に未読数を表示したり、未読である情報が明確になっていなかったりすると、ユーザーがそのサービスを使うのを億劫に感じてしまったり、ミスリードして不便に感じてしまったりすることもあります。そのため、どういう情報に対してどういう条件で表示するのか、またそれをどうやって既読状態にするのか、これらをしっかり考える必要があります。

　今回は、このような未読・既読の表現をデザインするうえで私がよく意識しているポイントを紹介します。

無駄な未読表現を控える

　まず前提として、無駄な未読表現を控えなければいけません。数字の付いたバッジなどで未読数を出すことによってその動線がタップされやすくなり、CTR (*Click Through Ratio*) が高まったりアクティブ率が高まったりすることがあるのは、多くの方が感じていると思います。しかし、厳選した情報だからこそ効果があるため、高頻度で多くのものに出してしまうとその効果は薄まり、機能しなくなってしまいます。このような状況を引き起こさないことをまず意識しましょう。

未読数を出すもの、出さないものを分ける

　未読数を具体的に出すことでユーザーの注意を引き付けられますが、ユーザーにとって気にする必要のない情報の未読数を出してしまうと、未読の数字を消化しなくなってしまいます。数字がいつもとんでもない数字になってしまっているアプリが私にはよくあります。こうならないように、ちゃんとユーザーが未読を意識するであろう情報に数字を出すようにしましょう。

　図2は、段階的な未読数を表した例です。アプリアイコンに未読数を表示し、タップして次の画面に遷移した際に表示されているイメージになります。

　🅐はさまざまなメニューに未読数を表示し、それらをすべて足した数をまず表示しています。このようにしてしまうと数字は簡単に大きくなってしまい、ユーザーにとって何を意味しているのかわからなくなってしまいます。

図2　　未読数を表す動線が多い例

一方で**ⓑ**はメッセージだけに未読数を表示し、それ以外は図1**ⓐ**-2で紹介した未読数のないバッジを付けています。未読数のないバッジは未読数のあるものに比べて引きは弱いですが、未読数のあるバッジを多用してしまうと、何の数字が未読数として表示されているのかが明確になりません。できるだけ1つの機能に絞って表現するようにしましょう。

数字が意味している情報を明確にする

数字を表すバッジの表現は、必ずしも未読数だけでないこともあります。たとえば、ショッピング機能ではカートに入れられた商品数、タスク管理では未完了タスク数などです。このように数字が複数表示されるサービスは、表現方法を気にしておくことも重要です。**図3**は図2と同様にアプリアイコンに数字を表示し画面遷移した次の画面のイメージです。

ⓐは異なる意味を持つ複数の数字を同じ赤いサークルで表現したパターンです。このように、異なる意味を持つ数字を同じ表現にしてしまうと、元の数字が何を意味しているのかが一見わかりにくくなります。

図3　　複数の種類の数字を表現した例

どうしてもこのように複数の数字を表示させなければいけない場合は、できるだけ混乱を避けるため、❺のように配色など表現を変えることをお勧めします。異なる意味を持つ数字が並ぶ場合は、前後の流れも踏まえたうえで、表現にちゃんと差を持たせるよう意識しましょう。

未読を既読にするタイミングを考える

　未読をどのように管理するかという観点において、どのタイミングで未読が既読になるかも重要です。前述したように未読数がどんどんたまっていって機能しなくなってしまうことを避けるには、未読を既読に簡単に変えられるかも大切なポイントです。**図4**は、未読から既読になるタイミン

図4　　未読を既読にする2つのパターン

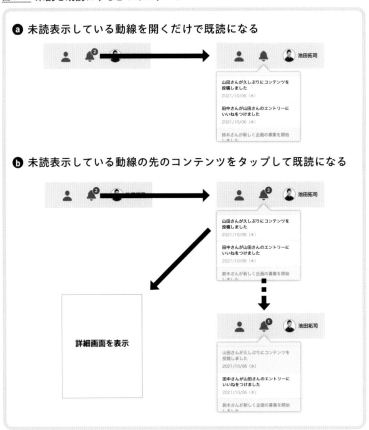

グが❶と❷で異なります。

　❶は、未読数のバッジが付いている動線を1タップするだけで既読になります。未読数が多く付くことが想定される場合は、このパターンだと数字が大きくなりすぎて機能しなくなる状態を防ぎやすくなります。一方で、コンテンツごとの未読を厳密に管理しにくくなってしまうデメリットもあります。

　❷は、未読のコンテンツを1つずつタップしないと既読になりません。ユーザーがどの情報を見たかを厳密に管理する場合はこのパターンにする必要があります。しかし、1件ずつタップしないと未読にならないため、場合によってはそれが面倒で放置され、未読管理が機能しないような状況になってしまいます。

　図5のGreenSnapは、植物写真の投稿コミュニティアプリです。ユーザーからのリアクションがとても多くある活発なサービスで、自分が投稿した写真のリアクションなどが未読管理されています。図4❷のパターンになっていますが、数字の過度な増加を抑えるため「すべて既読」ボタンが付いたと考えられます。

図5　　GreenSnapのiPhoneアプリ

今回は、未読に関してのデザインのポイントについて触れました。冒頭でも書いたように、ツールやメディア、コミュニティサービスなどさまざまなサービスで未読がちゃんと表現されると、使い勝手がとても良くなります。しかし、ちゃんと未読既読管理を実装していても、その仕様と表現が噛み合っていないと、快適なユーザー体験を提供できなくなり、機能が台なしです。一方的に未読数を表示するだけではなく、ユーザーの気持ちになってどういった体験にするべきか真剣に考えることが重要です。

情報の更新をどう表現するか

複数のユーザーが非同期で情報へアクセスして、コンテンツを編集するようなWebサービスはよくあります。複数人で使う場合、自分がアクセスしたときに、ほかの人によって情報が更新されていることがあります。

この情報の更新を認識する必要があるとき、どのようにそれを表現するか考えることがよくあります。特にITリテラシーが低いユーザーはその変更に気が付かなかったり能動的に情報を取りにいかなかったりするので、強制的に目に触れさせるようにしないといけないことがあります。

今回はこのような具体的な課題に対して、過去に実際に私が考えたいくつかの案を紹介します。それぞれのメリットやデメリットを参考にしていただきたいのはもちろん、どういったUIの案にするか決めるうえでの、複数の案を具体的に出してみながら考えるプロセスについても参考にしていただければと思います。

私は普段案を考える場合、どの案が一番ユーザーにとって良いものかは、私なりに判断して決めていることがほとんどです。しかし、そのデザインが正しいかは、自分でも不確かな状態であることもほとんどです。そのようなときは、推しの案は考えつつも、なぜその案にしたかをほかの案のメリットデメリットと併せて説明するようにしています。そうすることにより、意思決定者も判断しやすくなるためです。

以下、❶から❻まで6つの案を考えた内容と併せて紹介します。どの案を推すかは施策や課題の詳細に依存してくるため、今回は推し案はあえて記載しません。

❶お知らせ画面で更新情報を伝える

図1は、サービス内の動線などに組み込むのではなく、お知らせとして分けて伝える案です。この案にすることで、サービスの画面に要素を増やさなくて済むというメリットがあります。しかしすでにお知らせ機能がサービスに存在している場合は、どのように両立させるか、ない場合もお知ら

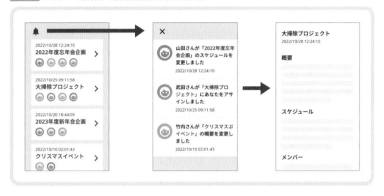

図1 　 お知らせ画面で更新情報を伝える案

せへの動線をどこに作るかなどの検討と併せて考える必要があります。

❺モーダルを使って伝える

　図2は、更新後にはじめてサービスに訪れた場合や変更後に該当するページにアクセスした場合に、画面の大部分を使ってモーダルで表示する案です。ユーザーに強制的に情報を伝えることができるため強力ではあります。ただし、更新が複数あった場合はモーダルを閉じてもまた別のモーダルが立ち上がることになり、ユーザーに大きなストレスを与えます。この問題を回避するには最新の更新のみを出すなどの工夫が必要になるため、情報量に制限が発生します。

　また何よりもかなり強力なため、ここまでする必要があるのか問う必要が

図2 　 モーダルで更新情報を伝える案

あります。私個人としてはあまりお勧めすることはありません。しかし、必ず知らせたいという気持ちからこの案を希望されることは多いと感じています。そういう場合は、この案も作りつつほかを勧めるようにしています。

❸詳細画面に更新情報のスペースを設ける

図3は、変更のあった画面自体に更新情報のスペースを設ける案です。コンテンツに近い場所に更新情報を置くことで、関連がわかりやすくなります。情報の伝え方も唐突感がありません。ただし、更新情報のスペースを設ける場合は画面内に優先的に置く必要があるため、本来のコンテンツの位置が下がってしまうことはしかたないと思いますし、この画面自体に訪れないと変更したことがわかりません。そのため、頻繁にコンテンツを見にくることを想定したようなサービスであればよいですが、頻度が少ないが更新されたことには気付かせる必要があるような場合はこの案では気が付きにくいと言えます。

図3　詳細画面に更新情報のスペースを設ける案

❹一覧と詳細にアイコンで組み込む

図4は、一覧と詳細にアイコンで組み込む案です。ユーザーは、❸案よりも1つ前の画面で更新されていることを知ることができます。各詳細画面に行かずに気が付けるため、サービスを使っている途中に更新があったことに気が付きやすくなります。

しかし、一覧画面での各項目の情報量には制限があるため、アイコン程

度の小さい面積で伝える必要があります。どの部分の情報が更新されたかまで伝えることが一覧画面では難しいため、詳細画面の該当コンテンツ部分にもアイコンを添えて伝える必要があります。また、バッジ型の通知と同様に、このアイコンが消えるタイミングのことも考慮して開発しなければいけません[注1]。

図4　詳細画面に組み込む案

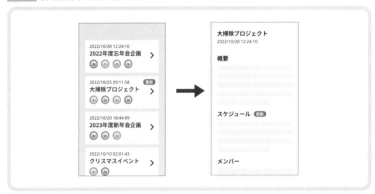

●履歴管理機能を備える

　図5は、更新情報を伝えるという趣旨からは少し逸れるかもしれませんが、各コンテンツに対して履歴管理機能を実装し、それを画面内に配置する案です。更新を伝えるというだけではなく更新履歴があることによって、元に戻

図5　履歴管理機能を備える案

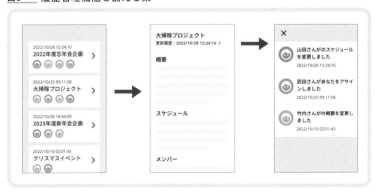

すことができたり、どんな差分があるのかが明確にわかったりします。

　機能の伝え方にもよりますが、更新されたことをアピールする機能ではないため、ユーザーにとっては能動的に見にいく必要があります。

❻メールや通知を送る

　❶案ではサービスの中にお知らせの一覧画面を作っていますが、この案を考える際に、合わせてプッシュ通知を送ったり、ユーザーが登録しているアドレスにメールを送ったりすることを考えることがあります。そのため、❶の延長の方法とも考えられますが、あえて案を分けている理由としては、サービスの中では表現せずに施策が実施できるからです。❶から❺はサービスの中に領域を作るなり画面を作るなりして更新情報を伝えていますが、この案は違います。**図6**のようにメールや通知といった間接的な手段だけでも要件をクリアできています。このやり方は既存のサービスの画面に手を入れることなく開発ができるため、開発コストをかけずに実施できる可能性があります。いったんこの方法で実施し、メールの開封率、メールからのCTRを計測するという方法もあります。ユーザーのリアクションを見たうえで、数字が高い場合は❶から❺のようにサービスの画面の中を改修する案を追加開発することも考えられます。

図6　　メールや通知を送る案

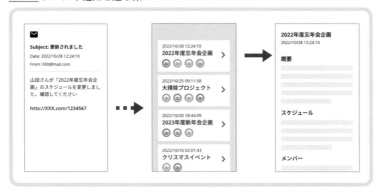

　今回は、更新情報をどのように伝えるか、具体的なデザイン案をもとに検討してみました。同じ目的の機能でも案はいろいろと考えられますし、

❶のようにサービスの画面に直接手を入れない方法も考えられます。アイデアを出す段階では可能性を狭めず、広く案を考えることも大切です。そして、「この機能をどのように使ってもらいたいか」「ユーザーの解決したい課題は何か」を具体的な案をもとに合意形成ができると、どの案に決定するかの判断もスムーズになると思います。

3

UIコンポーネントの
使い方による工夫

ボタンのデザインと使い分け

　UIをデザインするうえで、ボタンは欠かせない要素です。ユーザーが利用規約に同意するとき、アクションをするとき、何か項目を削除するときなど、ボタンと一言で言っても利用するシーンによって使い方はさまざまです。

　使い慣れているコンポーネントでもあるため、深く考えずなんとなく使ってしまっている方もいるかもしれません。しかし、ボタンはユーザーのアクションを左右する重要な要素です。状態に合わせて複数のデザインを用意しないといけないうえ、どのように配置するか、どんな形状を用いるかをちゃんと考えておかないと使い勝手が低下してしまいます。

　ボタンは利用シーンによって使い方がさまざまであると書きました。マウスオーバーなどの状態、利用シーンに合わせた形状、プライマリやセカンダリなどの強弱など考えると、実は一つのサービスの中でもかなりの多くのデザインを用意しなければいけません。

　今回は、普段私がボタンを使ううえで意識していることや、使い方に悩んだこと、そしてそれをどう解決したかなど、いくつかの切り口で書いていきます。

状態によるバリエーションとデザインのポイント

　まず、ボタンはユーザーがクリックまたはタップして作用するものです。私はボタンの状態をそれぞれデザインするとき、いつも一定のルールを設けています。ボタンの形状や色が変わってもこのルールに沿うことによって、使い勝手が良いデザインになると感じています。

　もしどのようなデザインにするべきか迷ったら、以下のルールを参考にしてみてください。

・マウスオーバーまたはボタン押下時
通常よりもボタン背景と文字のコントラストを上げる

- **利用不可の状態**
  通常よりも画面背景とボタン背景、ボタン背景と文字の両方のコントラストを下げる

形状のバリエーションとデザインのポイント

ボタンの形状は1種類ではありません。一つのサービス内でも使い分けることがあります。画面全体に対しての保存・画面の一部にある情報の編集・行の削除など、アクションの対象となる要素のサイズ・範囲・重要度などに応じて使い分けが必要です。

デスクトップとモバイル両方に提供するサービスの場合は、**図1**くらいの種類を用意しています。

- **大きいボタン**
  画面全体に対するアクション
- **小さいボタン**
  画面の一部分に対するアクション
- **テキストボタン**
  画面の一部分をインラインで配置する場合のアクション
- **アイコンボタン**
  画面の一部分でスペースが限られ、文字ではなくてもユーザーが理解できるアクション

図1　　形状が異なるボタン例

同じアクションを異なるボタンで実現する事例

同じアクションをするボタンはサービス内ではできるだけ統一するべきですが、状況によって異なる形状を使うケースもあります。**図2ⓐ**は「閉じる」アクションを右上の「×」で行うのに対して、**ⓑ**は画面下部の「閉じる」ボタンで行うデザインです。

図2 「閉じる」ボタンの使い分けの事例

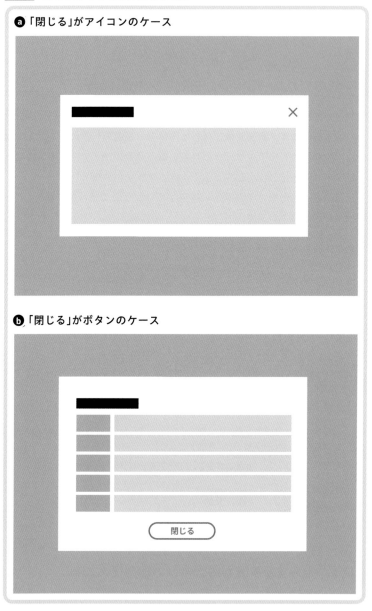

ⓐ 「閉じる」がアイコンのケース

ⓑ 「閉じる」がボタンのケース

閉じる

写真拡大のような場合はできるだけ写真が大きく表示できるよう、ⓐのようにボタンをアイコンでコンパクトに用いるほうが効果的です。一方、文章をちゃんと読ませたい場合や情報を入力してもらうようなモーダルの

場合は、❺のように「閉じる」または「キャンセル」など明示的なラベルを用いたボタンのほうがわかりやすいです。

このように同じアクションでもニュアンスや状況が異なる場合は、異なる形状のボタンを使うほうがよいと考えます。

アルバイト・求人情報サービス「LINE バイト」（**図3**）では、条件を解除するための「クリア」ボタンが複数の画面に設置されています。同じサービス内の同じ機能で、異なる形状のボタンが使われている事例です。❹の条件設定画面では複数のセクションがあり、それぞれのセクションの条件をクリアするために小さめのテキストボタンを配置しています。❺の職種を選択する画面では、画面全体に対して条件をクリアするため画面下部に大きめのボタンを設置しています。仮に❹のケースで❺のようなボタンを使おうとすると、余白が増えボタンの存在感も増してしまいます。画面上でそんなに存在感を出す機能でもないため、あえてデザインを変えるほうが各

図3 LINE バイト（Android アプリ）

画面に最適化されていると言えます。

ガイドライン上での考え方

ボタンの形状のバリエーションについては、Material Design でも記載されています[注1]。用途によっての使い分け方や NG パターンなどの掲載がしっかりとされています。

また、iOS の Human Interface Guidelines でも Buttons の項目で適正なボタンサイズや iOS で使われるスタイルのパターンの紹介などがされています[注2]。また Alerts の項目でもボタンの配置やラベルに対する考え方が記載されています[注3]。

Android/iOS それぞれのアプリをデザインする場合は、これらも参考になるので目を通すことをお勧めします。

プライマリボタンとセカンダリボタン

「状態の違い」「形状の違い」以外にも、画面内での重要度によって強弱をつけるため、プライマリボタン・セカンダリボタン[注4]を用意することがほとんどです（**図4**）。

ボタンがいくつも出現するような画面がある場合、ほかの要素と比較してボタンの主張が強くなりすぎないように、また複数のボタンが出現したときにどのアクションが重要なのかを明確にするために、これらを使い分

図4 プライマリボタンとセカンダリボタン

注1 https://m3.material.io/components/all-buttons
注2 https://developer.apple.com/design/human-interface-guidelines/components/menus-and-actions/buttons
注3 https://developer.apple.com/design/human-interface-guidelines/ios/views/alerts/
注4 サービスによっては3つ目の優先度として、ターシャリボタンまで用意することもあります。

3 UIコンポーネントの使い方による工夫

けます。

　2つのボタンの強弱が明確になるよう、セカンダリボタンをデザインするときは同じ画面に複数出てきても主張が強くなりすぎないか意識しなければいけません。私の場合は、ボタンを配置する背景の色に馴染むような配色をすることが多くあります。

　特にデスクトップ用の画面は表示範囲が広く、複数のボタンが登場するケースがよくあります。その場合、プライマリボタンは基本的に「画面の中に1つしか使わない」と考えてデザインすることをお勧めします。

▎複数のボタンを画面内で利用する場合の考え方

　図5は、画面内に複数のボタンが配置されることを想定したいくつかの画面例です。🅐は1種類のボタンのみで、🅑はプライマリとセカンダリとで強弱をつけたボタンを使って構成した事例です。このように1つの画面に複数のボタンが出てくる場合は、すべて同じデザインにすると画面内で何が重要なのかがぱっと見で理解するのが難しくなってしまいます。対象範囲によってボタンのサイズを使い分け、重要度合いによってプライマリボタンとセカンダリボタンを使い分け、画面内の優先順位がわかるようにしましょう。

　チャット小説アプリ「peep」(**図6**)では、「はじめから無料で読む」「保存」がプライマリボタンで黄色い背景に黒い文字です。「作品詳細」「まとめ買いをする」はセカンダリボタンで白い文字、白いアウトラインです。画面に1つしかボタンがない場合はそれをプライマリボタンに、複数ある場合は基本的にはどれか1つだけをプライマリボタンにしている事例です。この強弱がサービスの体験の優先度を表すことになります。

図5 同じボタンを利用した場合と、プライマリボタン、セカンダリボタンを使い分けた場合

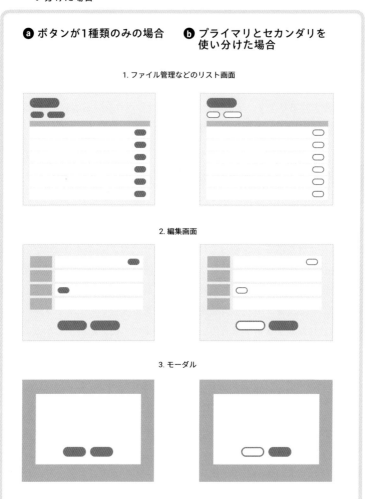

3

UIコンポーネントの使い方による工夫

図6　peep（iPhoneアプリ）

今回は、どのような場面でどういった形状のボタンを使うか、また画面内で複数のボタンがある場合どのように対応するかなどボタンそのものについて書きました。しかし、ボタンのデザインだけでは当然解決できないことも多くあります。画面内に多くボタンが出現する場合、プライマリとセカンダリを使い分けたとしても何でもわかりやすくなるわけではありません。そもそもその機能は必要なのか、この機能の意味はユーザーに届いているのかなど、サービス全体の体験を考える目線も忘れないようにしましょう。

数値の入力・選択に適したUI

数値入力に用いるUIコンポーネントには、テキストフィールド以外にもさまざまな種類があります。その理由は、入力する際に何らかの制限をかけたい場合や、あらかじめ決められたものから選択してほしい場合などもあるためです。自由に入力してもらえる場合はテキストフィールドを用いますが、そうでない場合、シーンや目的に合わせて正しいUIコンポーネントの選択を考えなければいけません。

今回は、数値を入力・選択してもらう場合どのようなUIコンポーネントが考えられるか、事例を交えて考察します。

私が数値入力のためによく使うUIコンポーネントは、これから紹介する4パターンです。それぞれどんなときに使うと良く、どんなときに使うと良くないか、比較も交えながら紹介します。

テキストフィールド（キーボード入力）

まず制限なくユーザーが自由に数値を入力できる場合は、文字の入力と同様にテキストフィールドを用いてキーボードで入力してもらうことが基本です。

このコンポーネントのメリットは、普段使い慣れた入力方法をそのまま利用できるため使いやすいという点です。一方でデメリットは、ユーザー自身が自由に入力できてしまうためサービス運営者側で制限がかけにくい点です。

図1の電話番号の入力フォームはオーソドックスな事例です。ユーザーはテキストフィールドの範囲で自由に入力ができますが、数字以外が入力できないようにキーボードで制限をかけています。

もしユーザーが入力できる数値に制限をかけたい場合は、これから紹介するテキストフィールド以外のコンポーネントを利用します。

図1 電話番号入力の事例

プルダウンメニュー

　あらかじめ用意された数値を選んでもらう場合は、プルダウンメニューを第一候補に考えます。

　このコンポーネントのメリットは、数値だけに限らず複数の候補から選択してもらう際によく使われているため、ユーザーにとって親しみやすいものである点です。デメリットは、選択肢がたくさんある場合は選択が面倒な点です。その場合は自由入力できないかや、次に紹介するスライダーが利用できないかを検討し欠点が解消できないか考えましょう。

　生年月日の選択（**図2❶**）は、プルダウンメニューによって実装されることが多いUIだと感じます。しかし、生まれた年の選択肢は多く、その中から自分の生まれた年を選択することが大変だと感じてしまうことがよくあります。自分の生年月日は基本的には覚えているものなので、1つ前に紹介した電話番号のようにテキストフィールドを使って入力してもらったほう

図2　「生年月日の選択」と「商品の個数の選択」の事例

ⓐ 生年月日の選択

1978 ⌄ ／ 07 ⌄ ／ 13 ⌄

1900
1901
1902
1903
1904
1905
1906
1907

ⓑ 商品の個数の選択

個数 1 ⌄ カートに入れる
2
3
4

がユーザーにとっては入力しやすいのではないかと私は感じています。このように、数値に制限があり決められた候補から選ぶ必要がある場合も、選ばせるのではなく入力してもらうほうが使い勝手が良い場合もあると思っています。

　一方で図2ⓑのように、ECサービスなどで商品がカートに入れられる際に個数制限をかけたい場合があります。このようなときはプルダウンメニューを使うことで、あらかじめ制限しておくことができるメリットもあります。このようにサービス運営する側の意図で何か制限を設けたい場合、プルダウンメニューが効果的です。

スライダー（シークバー）

　あらかじめ定められた最小値と最大値の間の数値を選択させたい場合は、スライダーを使います。音楽や動画の再生位置を合わせるためのシークバーが代表的です。

　このコンポーネントのメリットは、たくさんある連続した数値を直感的な操作で変更ができる点です。デメリットは、正確に数値を合わせにくい点です。そのため、数値そのものを的確に選ぶために利用するよりも、感覚で操作するために用いられることがほとんどです。具体的には以下のような例です。

- サビの部分から音楽を聴きはじめる（図3 ⓐ）
- 照明を今よりも薄暗くする（図3 ⓑ）
- 温度が熱くなったためエアコンの設定温度を少し下げる（図3 ⓒ）

　特定の値をぴったり選ぶのには操作しづらく不向きだと思います。しかしプルダウンメニューと違って、選びたい値の付近にすばやく変更しやすいというメリットもあります。

　また、スライダーは直線的なデザインにすることがほとんどですが、形状を変えても用いることができます。これには、操作性を高めること、視覚的なアクセントにすることの2つの目的が挙げられます。

　図4のGoogle Homeアプリのスライダーは、図3の直線的なデザインではなく円形になっています。こうすることで、スライダーの範囲を画面全体に配置し距離を長くできるため、ユーザーがより細かい数値の設定をやりやすくなります。

図3　スライダーの事例

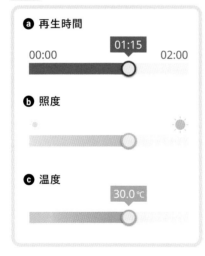

図4　Google HomeのiPhoneアプリ

ステッパー

ステッパーは数値を1ずつ上下させるコンポーネントです。

このコンポーネントのメリットは、確実に上下できる点です。デメリットは、数値の変更幅を一気に変えるにはボタンを押し続けなければいけないため使い勝手が悪くなってしまう点です。そのため、どれくらい値の変更幅があるのかによって、スライダーやプルダウンメニューなどほかのコンポーネントも候補として検討する必要があります。

図5は、温度調整のためのUIをスライダー（ⓐ）とステッパー（ⓑ）でデザインした比較です。お風呂の湯沸かし器やエアコンの温度変更では、数値の変更幅はあまり大きくなく、現状よりも少し温度を上げる・下げる程度のことがほとんどです。そのため、使い勝手を優先する場合はⓑのステッパーだけでよいように感じます。

図6は、音量調整のためのUIをスライダー（ⓐ）とステッパー（ⓑ）でデザインした比較です。音量の場合は音を消すために一気にスライダーで値を変更するケースや実際に聴きながら感覚的に調整することが多いため、私はスライダーのほうが使いやすいと感じます。一方で、ステッパーのほうが急に大音量になったりしないため、安心して音量調整できるというメリットもあると感じています。

図5、図6で挙げた事例は、それぞれのUIにメリットがあると感じます。実際、どちらのパターンのデザインも見ることがありますし、両方のUIが備わっているものもあります。どちらを選択するかは、どのようなプロダクトなのかを考え、数値選択以外のほかのデザイン要素なども加味して決定しましょう。

図5　温度調整のためにスライダー（ⓐ）とステッパー（ⓑ）を使った場合

図6　音量調整のためにスライダー（ⓐ）とステッパー（ⓑ）を使った場合

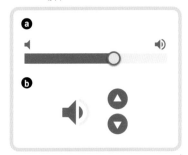

今回は、数値の入力・選択に用いるUIについて、コンポーネントごとに特徴を説明しました。冒頭にも書いたとおり、ユーザーの自由度や操作性を考え、キーボードで入力ができるものが一番良いと私は考えています。しかし、それだけでは当然難しい場面があります。

　数値の選択はよく使うUIです。そこをちゃんと考えることで、ユーザーのサービスに対する印象も大きく変わると思います。

カードUIの向き不向き

スマートフォンUIのトレンドは、現実のものを模したデザイン（スキューモフィズム）からフラットなデザインとなりました。そんな中でもカードUIは、現実のもの（カード）を模したUIコンポーネントであるものの便利であるため、立体感や影などを付けながら使うこともあります。

カードUIはなんとなくとっつきやすく、エンジニアもデザイナーも使ってしまいがちなコンポーネントだと感じています。特にMaterial DesignではガイドラインにCardsの項目があり[注1]、AndroidアプリやGoogleのアプリケーションではよく利用されています。

そこで今回は、そんなスキューモフィズムのなごりがあるカードUIを利用する際に注意しないといけないケース、最近筆者が感じた迷いどころなどについて、実例を交えながら説明していきます。

カードUIが効果的な場面

カードUIは前述したとおり立体感や影などを付けて使うこともできるため、フラットなデザインの中に用いると相対的にその要素に存在感を出すことができます。そのため、強弱の付いたデザインを作る目的で活用すると効果的な場面があります。

不均一な情報をきれいに整理する

カードUIは、不均一な情報の集まりをまとめることに適したコンポーネントだと言われています[注2]。

図1のマネーフォワードのホーム画面は、高さが異なる情報がカードUIを利用して連続して並んでいます。各項目、一部の情報が異なっていますが、カードUIを用いてまとまりを作り並んでいることでわかりやすい画面になっ

注1　https://material.io/design/components/cards.html
注2　たとえば、以下のWebサイトの記述が参考になります。
　　　https://www.nngroup.com/articles/cards-component/

図1 マネーフォワード (Android アプリ)

ていると感じます。このような場面でリストのコンポーネントを用いると、各項目の高さが異なるため、項目の切れ目かわかりにくくなってしまいます。そのため、カードUIのほうがわかりやすくなります。しかし、カードUIは「カードらしさ」を表現するために影を付けたり、余白、枠線、内側のコンテンツのための余白と、フラットなリストに比べてデザインに必要な要素が多くなってしまうため、ごちゃついた印象を与えてしまいかねないことも意識しておかなければいけません。

図2 ⓐ は、カードUIの中にもう一つカードUIを使ってカルーセル[注3] を作っています。カードUIを多用しているため、余白が多くコンテンツの占める割合が小さくなり、複雑な印象を感じます。このような場合は、**ⓑ** のように外側の要素はカードUIを使わずに横幅いっぱいに要素を配置し、カードUIを利用する箇所を絞るとよいでしょう。

図3 は大きく3つのカードUIを使ったApp Storeの事例です。背景に大きくイメージを表示して1つのテーマを訴求しているもの、シンプルに複数のアプリを表示しているもの、1つのアプリをピックアップして説明しているもの、どれもベースのフォーマットを同じにしてアプリを紹介していますが、高さ、幅を同じベースのカードのデザインに統一することで大胆

注3 複数の情報を横に配置し、左右にフリックして見るUIのことです。

ながら、すっきりとした印象に感じ取れます。

個々のコンテンツの主張を強くする

　図4はTwitterのような、つぶやきを投稿するサービスを想定したタイムラインの事例です。それぞれ、リスト（ⓐ）とカードUI（ⓑ）の違いです。

　つぶやきのような短文を想定した投稿では、一つ一つの投稿の重みよりも全体をザーッと一覧しやすい体験が重要になります。そのため、ⓑのようなカードUIの場合、一画面に収まる投稿数は少なくなるうえ、それぞれ

の投稿に目が向きすぎる印象に感じます。

　図5は宿泊施設のレビューリストの事例です。写真がないあっさりした投稿もあれば、ユーザーによってはしっかりと読み応えのある内容のコンテン

図4　つぶやきにリスト(**ⓐ**)とカードUI (**ⓑ**)を用いた例

図5　レビューにカードUIを用いた例

ツになる場合も可能性もあります。カードUIを用いることで、このように不均一な情報でも情報の区分けが明確になり1つずつ読みやすくなります。このように、個々のコンテンツを強調したい場合はカードUIが有効です。

テーブルをカードUIに置き換えるときの注意点

カードUIは不均一な情報の集まりをまとめることに適したコンポーネントと前述しましたが、データを整理して表示するような画面にも有効です。しかし、メリットとデメリットをしっかりと把握して用いる必要があります。

レスポンシブデザインを作りやすい

テーブルレイアウトを利用すると、横幅に制限のあるスマートフォンでのユーザビリティを確保するのが難しくなります。そのためレスポンシブデザインを採用しているWebサイトにおいては、PC、スマートフォンともにテーブルを用いずにカードUIを利用するケースも増えています。

図6は、スタッフ名簿をスマートフォン向けのサービスにテーブルで表示した場合（ⓐ）と、カードUIで表示した場合（ⓑ）の違いです。少し極端な

図6 スマートフォンで同じ情報をテーブルレイアウト（ⓐ）とカードUI（ⓑ）で比較した例

例ですが、テーブルの場合は1行の情報は横に伸びるため、画面の一部分を横にスクロールすることになります。一方でカードUIの場合は、情報を柔軟にレイアウトしやすいため、縦に積み重ねることができユーザーが操作しやすくなります。

情報の比較がしにくくなる

画面の収まりはカードUIが良いですが、使い勝手に関しては注意が必要です。

図7もスタッフ名簿をテーブルで表示した場合（**ⓐ**）とカードUIで2カラムに表示した場合（**ⓑ**）の違いですが、今度はPCを想定しています。テーブルのほうが2カラムのカードUIに比べて上下に情報を比較検討しやすくなります。カードUIの場合は、まず写真を手がかりに探索し、それに対して名前やメールアドレスなどを確認するような体験には向いていますが、各要素を比較するのには不向きです。

そのため、もともとテーブルで表示していた情報をスマートフォン対応するためにカードUIに置き換える場合には注意が必要です。これらのUIの持つ特性をちゃんと意識しなければ、ユーザーの使い勝手を低下させる恐れがあるのです。

図7　PCで同じ情報をテーブルレイアウト（**ⓐ**）とカードUI（**ⓑ**）で比較した例

今回は、カードUIに関して触れました。カードUIは多様性があり、好みでなんとなく使ってしまいがちなコンポーネントとも言えます。しかし目的を明確に持たないと、その良さを引き出すことができません。そのため、今回の事例のように同じ情報でも、異なるコンポーネントでデザイン案を作ってみることで、思想に合うものがどれかの判断がしやすくなると思います。

メッセンジャーサービスにおける
デザインの工夫

　PC上でキーボードを使って文字を入力するのと比較すると、スマートフォンは画面が小さく指先の細かな操作で文字などの入力をするのはとても大変です。したがってスマートフォン発売当初は、できるだけ文字の入力機会を減らしてあげるようユーザー体験を工夫しなければいけないと考えた開発者も多くいると思います。私も、身の回りのデザイナーとそのような話をしたのを覚えています。しかし、今ではメッセンジャーなどを使って誰かと気軽にテキストコミュニケーションをすることに慣れ、指先もキーボードに最適化されて動かせているようにも思います。スマートフォンを利用する時間の中でも、誰かとメッセージのやりとりをするのに最も多くの時間を割いているという人も少なくないかもしれません。文字の入力だけではなく、絵文字やスタンプを使っての感情表現、写真の送信など文字以外の要素を相手に送ることができるなど、使い方も多様です。

　その影には、メッセージをやりとりする画面にも細やかな工夫されていることがあると感じます。今回は、普段何気なく使っているこの画面をいくつかのサービスを実例に掘り下げます。

▌ 基本的な画面設計

　メッセンジャーサービスといっても、友達や家族など実際に知っている人とやりとりするものや、マッチングサービスのような相手とはじめて会話をする機会が多いもの、またプライベートではなく業務利用で用いるものなど、いくつかのジャンルがあります。しかし、大枠の設計はどれも同じであることがほとんどです。

　縦長のスマートフォンの画面は、縦に大きく3つに分かれています（**図1**）。画面上部に「やりとり先の情報」があります。これはメッセンジャーサービスだけに限らず、この画面が何の画面かを示しています。特に対象が誰なのかということが重要な情報です。サービスによっては、対象となる情報をもっと厚く表示されているものもあります。

図1　メッセンジャーサービスの画面設計の基本

次にメッセージのやりとりのログです。入力された情報は操作スペース
がユーザーの手元（下部）になるため、最新のものが下に追加され、古いも
のがどんどん上のほうに隠れていきます。

最後に一番下が操作スペースになります。これはデバイスのキーボード
スペースです。後述しますが、文字の入力以外もキーボードスペースの範
囲で行うことがほとんどです。

そのほかの重要な要素としては、やりとりしている相手のユーザーアイ
コンが挙げられます。相手を正しく認識してメッセージを送るためには欠
かせない要素です。そのため、自分の発言にはユーザーアイコンを用いな
いことが普通になっています。

複数の状態設計

もしメッセージ機能を実装することになった場合、前述した基本的な画
面設計のみを考慮すればよいと考えがちですが、インタラクションに合わ
せた異なる状態の違いについて細やかな設計が必要になります。**図2**のよ
うなパターンです。

図2　状態の違いによるUIの違い

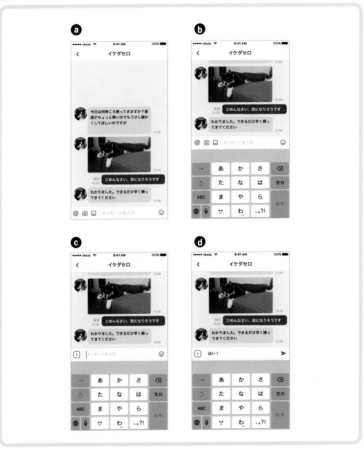

ⓐ操作スペースがなくなって画面全体でやりとりのログが見える状態

操作スペースを消して、できるだけログが見える空間を多く見せる

ⓑ操作スペースが表示されている状態（入力スペースからフォーカスが外れた状態）

文字以外の情報も含めて基本的な入力項目を選択可能にする

ⓒ入力スペースにフォーカスが当たっている状態

文字の入力以外のメンション、カメラ、写真といった動線をなくし、文字の入力をしやすくする

ⓓ入力スペースに文字が入力された状態

送信ボタンが出現し、入力した内容をどのように送信するかがわかる

このように一見同じように見える画面も、ユーザーの行動によって細か

い点が異なっています。メッセージ画面を開いてから情報の入力が完了するまでのシナリオをイメージして、細やかな工夫をしてあげることで使い勝手が向上します。

テキスト以外の情報要素の配置と優先度

図2の❶と❷の違いのように、テキストの入力スペースにフォーカスが当たったときと外れたときとで、表示されている要素が異なっているサービスが多くあります。メッセンジャーサービスは、文字情報以外も当然送ることができます。そのため、入力の前には文字情報以外の候補を表示し、ユーザーが開こうと思えば1タップで開けるようになっています。入力フォームにフォーカスするとコンパクトに畳まれ、文字が入力しやすい状態になります。

図3は、Facebook Messenger（❶）と LINE（❷）の通常時とフォーカス時の入力スペースの違いです。それぞれ、フォーカスされていないときは写真などの要素が表示されていますが、フォーカスが当たると文字の入力がしやすいようにそれらのアイコンは非表示になり、入力スペースが拡大するようになっています。

このようにしてみると、フォーカスが当たっていないときの入力フォームは文字が数文字程度しか入らないような幅で表現されています。特にFacebookは LINE よりも1つアイコンが多く、特徴とも言える「いいね」ボタンが右側に配置されている分、かなり小さく見えます。

このように、文字以外にユーザーが送信できる要素がある場合、あらかじめ置いておけるアイコンの数は最大でも6つ、そのうち、「＋」のようにもっと見るボタン、音声入力のアイコンを除くと4つになります。この2つのサービスは写真や絵文字を選んでいますが、ファイルや位置情報の送

図3 Facebook Messenger の通常時とフォーカス時（❶）、LINE の通常時とフォーカス時（❷）の入力フォーム

信、GIFアニメーションなどいろいろな候補が考えられる場合、どのような要素がユーザーのメインのコミュニケーション手段かによってその選択肢が決まってきます。

　図4はSlackの入力フォームです。図3とは異なり。最初は文字の入力がメインで考えられていて、フォーカスが当たると絵文字・メンション・文字の装飾といった要素が1段下がった状態で表示されます。また、追加で表示されるアイコンも写真などの別のメディアではなく、文字を補完するような要素が優先的に扱われています。Slackは多くの場合はビジネスシーンで使われるため、Facebook MessengerやLINEよりも、長く丁寧な文章を書くことが考えられます。そのため、文章を書くことを第一に考えられて設計されているのかもしれません。また、写真など異なるメディアの利用率もプライベート利用するサービスよりも低い可能性もあるため、このような設計の差が出ているのかもしれません。

図4　　Slackの通常時とフォーカス時の入力フォーム

多くの要素をコンパクトに見せる工夫

　メッセンジャーサービスは、前述したように文字以外の情報を操作スペースでコンパクトに切り替えながら使えるUIになっているのも特徴的です。

　図5はLINEの操作スペースです。キーボード、絵文字、写真、そのほかのメディアが同じサイズで切り替わります。また、絵文字は、絵文字の選択エリア上部に切り替えボタンやカテゴリボタンなども設定されており、小さな領域で送信する要素を選択できるようになっています。

　一方で、上記でも比較したSlackの場合は、前述したように写真をイメージするアイコンは入力フォームに設置していません。その代わり「＋」ボタンをタップすると、写真やそれ以外のメディアを選択できるようになっています（**図6**）。選択部分以外のやりとりのログはグレーになり、選択に集中しやすくしています。LINEと異なり、高さもキーボードスペースよりも大きめにとられています。この表現は絵文字も同様です。文字の入力以外

図5 LINEのキーボード、絵文字、写真、そのほかのメディアの選択画面

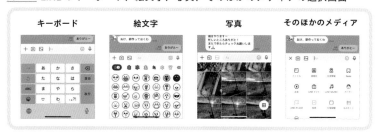

図6 Slackの絵文字とメディアの選択画面

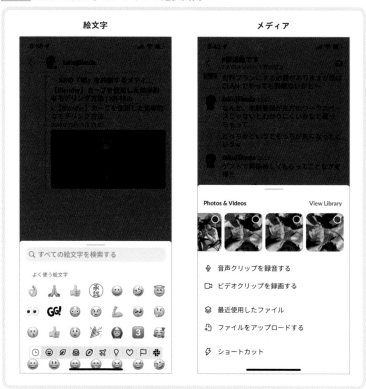

のものを選ぶような場面では、元の画面とは少し距離を離して切り替えて操作してもらうような体験が、LINEのそれとは異なっています。

　どちらが正解ということではありませんが、どのような利用シーンに重点をおき、どのような使い勝手で提供したいか、考え方の違いがわかる事例だと感じます。

今回は、メッセンジャーサービスの UI デザインがどのような設計になって
いるのかを少し掘り下げました。取り上げた事例から、小さなスペースの中
での使いやすさの工夫や、どのような使い勝手を優先するかのポイントにつ
いて発見できたのではないでしょうか。同じように、普段何気なく使ってい
るものについても考察するとおもしろい発見があるかもしれません。

4

ユーザーの行動への配慮

エラーと確認
スムーズな手続きを実現するには

インターネットを通じて、商品を購入したり、予約をしたり、登録をしたりする機会はますます増えています。スマートフォンをはじめとするさまざまなデバイスがより身近で手軽に扱えるようになる中、これまでの常識では想像しにくい体験も増えています。

そんな中、内容に合わせてそれらの手続きについてしっかりと考えることもより大切になると考えます。

今回はそのような手続きに不備が生じた際の「エラー」と、手続きをスムーズに行うための「確認」のUIを取り上げます。

効果的にエラーを伝えるには

入力画面を作る場合、入力のしやすさを考えることがUIをデザインするうえで必要不可欠ですが、エラーをどのように伝えるかも、スムーズに手続きを完了させるための大切な要素です。その対応を怠ると、ユーザーが離脱する大きな要因になってしまいます。

自由な振る舞いをさせるためのUI

図1のようにユーザーが何かを入力するような画面で、必要な項目がすべて埋まらない限り機能しないdisableボタン注1の使い方は避けることをお勧めします。

もし必要な条件を満たしておらず次の画面にいけない場合でも、**図2**のようにいつでもボタンは押せる状態にして、ちゃんとエラーメッセージを表示し次の画面にいけない理由を確認できる状態にしてあげてください。

筆者が過去にユーザーテストで出会ったユーザーには、まず登録ボタンを押して、エラー項目を見ながら1つずつエラー項目を潰していくような使い方をしていたユーザーもいました。

注1　クリックしても何も反応しないボタンのことです。

図1　必要条件が成立しないとボタンが押せない例

図2　どんな状況でも押せる例

　ユーザーが自分の思ったとおりに行動できなかったり、押せそうなのに押せないなどあいまいな状態にすると、その不自由さに不安を感じたり、なぜそれができないのかに気が付かないことがあります。もしもdisableボタンを用いるのであれば、それがなぜ押せないのか推測できるようにしてあげましょう。

文体や色への気配り

　一方で、安易にエラーを表示することでユーザーがびっくりしたり、自分が悪いことをしているかのようにネガティブにとらえてしまったりすることも考えられます。エラーメッセージの文体もできるだけ機械的ではなく、気持ちを込めた人間らしい文体にしましょう。

　エラーメッセージの色は赤を用いることが多くありますが、その表現がショッキングな印象を与えすぎないかという視点で気を配る必要があります。もし赤を用いる場合でも、サービスの体裁と調和するよう色合いに変えてあげることで印象が少し緩和します。

状況に応じた確認手段を用いる

　インターネットで物を購入する理由は、人によりさまざまです。生活用品を定期的に購入するため、めったにしない高額な商品を購入するため、誰かにプレゼントを贈るため──同じ購入するという体験でも、ユーザーの気持ちはまったく違います。状況に応じた確認方法を考える必要があります。

　もし、今デザインしようとしているものが実社会の体験の置き換えなの

であれば、デザインする前に実社会での体験を想像してみましょう。スーパーでレジを通してティッシュを買うことと、販売店に何度も足を運びローンで車を買うことは、物を購入するという行為としては同じではあります。しかし意思決定をするまでの訪問回数やスタッフとの接し方、サービスの内容などが異なります。したがって、デザインもこれらは異なっていることが自然なこともあります。

確認をできるだけ減らして完了

Amazonには「今すぐ購入」というボタンがあります。これは、ECサービスなどのように一度カートに商品を追加してから購入プロセスを経る体験とは異なり、特定の商品をすぐに買えてしまう機能です。欲しい商品に出会い、ボタンを押して、注文ボタンをスワイプすればその場で注文が確定してしまいます。

「間違って買ってしまいやすいのでは？」と考えることもあるかもしれませんが、スワイプするという誤動作が起きにくいアクションを入れていることや、万が一間違ってもすぐならキャンセルもできます。それよりも、面倒な手続きを省いて買いたいものをその場ですぐに買うことができるというユーザーの利便性を優先した事例です。

このようにアプリやサービスにおいても、購入の確認をせずにすぐに購入できる遷移にしたほうがよいものもあると感じます。

何を確認してもらうことが大切か

手続きの確認をする場合も、どのように最終確認をするかはさまざまです。特に確認画面で確定ボタンの位置をどこに置くかでコンバージョンも変わってくるため、大事な判断になります。

ECサービスの場合、ファーストビューに確定ボタンを収めている場合が多く見受けられます。早く購入を確定してほしいというサービス運営サイドの気持ちもあると思います。ユーザーにとっても、最後に確認しておくべき点は、いくら支払うのかであると考えられ、ZOZOTOWN（**図3**）の購入確認画面に見られるような位置に確定ボタンが置かれることが多くあります。何を買うか、どこに送るかなどは購入プロセスを通して確認していることもあり、気になる人はスクロールして確認したらよいといったことがメッセージとして込められているように感じます。

図4の楽天証券では、入力画面の最後に取引内容の確認画面を省略する

図3　ZOZOTOWN（iPhoneアプリ）　図4　楽天証券（iPhoneアプリ）の取
　　　の購入確認画面　　　　　　　　　　引内容入力画面

という項目が設けられています。株の取引は高額で、原則キャンセルがき
きません。ちゃんと内容を確認しないと気になるという観点もあれば、価
格変動があるためいち早く取引を完了させたいという観点もあるので、ユー
ザーが選択できるようにしていると思われます。

ストレスのないスムーズな流れを意識する

　手続きが完了したあとに、ちゃんと完了したことをどのようにユーザー
に伝えるとスムーズになるかも大切なポイントです。

　図5は、飲食店でタブレットを用いて注文をとるためのアプリケーショ
ンの画面遷移例です。これは筆者が実際に体験したものを思い出して作り
ました。この例に倣うとビール1杯を注文するのに4つの画面を表示するこ
とになります。

そこで**図6**のように、最後の注文が確定したことを告げるモーダルウィンドウをなくし、トップスクリーンに自動的に戻ってメッセージを出してあげるほうがボタンを押す回数を減らしスムーズになるように思います。

　タブレット端末を使った商品注文は、商品を複数まとめて注文する場合など効率的なことも多くありますが、商品の単品注文など、店員を呼んで一言告げるよりも手続きが増えたように感じる場面もあります。また飲み

図5　居酒屋で経験したプロセスが長い事例

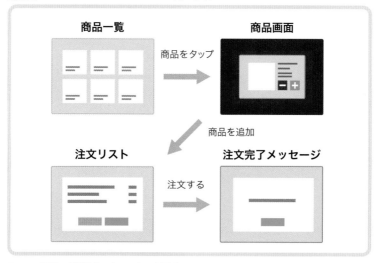

図6　最後の確認メッセージの変更案

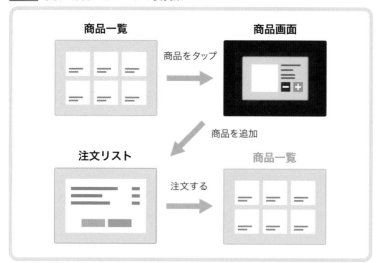

会で盛り上がっている最中会話から離れてタブレット端末に向かう時間は、できるだけ少ないほうが場の雰囲気にも合致します。

_____

　今回は、手続きのプロセスにおける確認のUIの工夫について書きました。紙や現実社会でやっていた手続きがインターネットにどんどん置き換わったり効率化され簡単になったり、離れた場所の知らない人と商品の売買ができるような新しい体験もできるようになっています。しかし、その体験もちゃんと手続きの内容に沿った形でデザインしてあげることがサービスには求められると思います。

受動的な体験のデザイン
「なんとなく眺める」を快適にするには

　PCでの利用が中心だったWebサービスは、スマートフォン、音声アシスタントデバイスとさまざまなプラットフォームにその領域を広げています。そんな中、それぞれのサービスにユーザーが期待する体験も多様になっています。

　最近サービスを作っていて感じるのは、「受動的な体験」が増えたという実感です。スマートフォンのような手近なデバイスでは、暇な時間があるたび、とりあえず見る。「時間あるから何しようかな」と、とりあえず眺める。ユーザーにはこれをやりたいといった能動的な目的がなく、なんとなく眺めるという状態です。

　今回は、こういった受動的な状態のユーザーに対して良い体験を届けるためのUIの考え方、情報の見せ方、コンテンツの工夫について考えます。

受動的な体験とは

　まず筆者が考える「受動的な体験」とはどんな体験かを、「能動的な体験」と比較しながら解説します。

ゴールが明確ではない体験

　インターネットに情報が集まったことによって、「調べているものを探す」という体験がネットの使われ方として定番化しました。たとえば、**図1**のGoogle[注1]では「オキシ漬けの意味が知りたい」、**図2**のクックパッド[注2]では「鶏肉を使って料理をしたい」といったユーザーのニーズに応えてくれるサービスが代表的です。これらの体験はユーザーのゴールが明確で、ユーザーはできるだけ早く目標を達成したいため、サービスに対して能動的に接します。

注1　https://www.google.com/
注2　https://cookpad.com/

図1　Google の Web サイト　　　**図2**　クックパッドの Web サイト

　一方なんとなくサービスに訪れる場合、「話題の情報はないかな」「今晩何作ろうかな」「次の3連休どうしよう」と目的があいまいなままサービスに触れます。

　YouTube や Instagram をなんとなく眺めるといった経験をしたことがある方も多いと思います。このような体験も近いものだと感じます。

潜在的なユーザーニーズをさぐる

　能動的な体験の中にも、ハッとして気持ちを奪われるような体験を作っていくことも大切です。ただユーザーに目的を達成させるだけよりも、ユーザー自身が潜在的なニーズにも気が付けるようにすることでサービスの価値がさらに向上します。「プログラミングの本を買おうとしたら、洗剤が切れかけていたのを思い出して注文していた」といったように、目的が明確にあったのに、別の興味関心に惹かれ、自分の行動が置き換わるようなこと

をしたことがある方もいると思います。

　Amazonの iPhone アプリのトップ（**図3**）では、過去の購入履歴をもとに
ユーザーお勧めの商品を表示します。このように潜在的なニーズを見つけ
るときにはレコメンデーションやパーソナライズがコンテンツとなる場合
が多くあります。ただ欲しいものを買う目的だけではなく、「何か良いもの
ないかな」というユーザーの期待にも応えられる可能性が広がります。

　顕在化したニーズよりも潜在的なニーズを見つけて解決していくことの
ほうが難しいですが、受動的な体験を作りユーザーに気付きを与えること
が不可欠になってくると考えます。

　しかし、これには注意も必要です。そういった情報がユーザーにとって
邪魔になることもあるため、どういった場所で表示するか考えながら配置
しないと逆に不満を持たれてしまいます。

図3＿＿　Amazonの iPhone アプリ

受動的な体験をデザインするための工夫

受動的な体験は、能動的な体験と同じように作っていてもその意図がちゃんと届かない可能性があります。ユーザーの潜在的なニーズ、開発者が届けたい考え方をちゃんとUIでつないであげる必要があります。

ハンズフリー（操作しなくてよい）な体験作り

どうしても手に入れたい欲求がある場合、ユーザーは少々面倒な作業や複雑な操作でも頑張って行い、たどり着こうとする傾向があります。しかし受動的な体験については、そういった行動を期待できません。

そのため、情報量が多く煩雑なものや説明が難しいものは離脱する可能性が高くなります。できるだけユーザーの操作を最小限にし、アクションの手間を省いてあげる必要があります。

図4のInstagramのストーリーは、自分がフォローしているユーザーのアイコンをタップするとショート動画が再生されます。1つの動画が終わると次の動画が流れ出し、ユーザーは操作せずとも動画をどんどん楽しめます[注3]。

図4＿＿＿ Instagram（iPhoneアプリ）

注3　一方で同じ動画サービスでも、能動的に動画を探すような体験においては、適したUIが異なります。

コンテンツの重みとフィードのデザイン

　同じようなコンテンツを繰り返す場合、フィードなどで使われているカード型のUIは、従来よく見たリスト型のUIがただ大きくなったデザインではありません[注4]。ここにも受動的なデザインと能動的なデザインの役割の違いがあります。

　図5はカフェのクチコミを集めた画面です。**ⓐ**のカード型のデザインは写真も大きく情報量も多いため、1画面に最大3つほどしか入りません。一方で**ⓑ**のリスト型のデザインはカード型のデザインに比べて倍以上の件数が1画面に入っています。

　たとえばこの一覧が「友達が行ったカフェの最新クチコミ一覧」だと仮定すると、**ⓐ**はタップしなくても誰が何のクチコミをしたかもわかるうえ、写真も大きいためイメージも伝わるので、受動的な体験に向いています。

　ではこの一覧が「はじめてのクチコミが付いた恵比寿のお店一覧」だとす

図5　カフェのクチコミサービスでの事例

注4　カードUIについては、第3章の「カードUIの向き不向き」（70ページ）で取り上げています。

ると、クチコミを投稿したユーザーと自分は関係ありません。質より量を重視したほうがユーザーにとって興味のあるカフェに出会える可能性が広がるように感じます。たとえば「誰」という観点ではなく、住所を比較して自分から近いところに行ってみようといったように、上下の比較をするといった視点でも❺のほうが使いやすく、能動的な体験に向いています。

このように、同じコンテンツを扱う場合でもどういった内容かによってUIが変わってくるのです。

興味の範囲と深さのバランス

受動的な体験を作るため、ユーザーにどういうコンテンツを提供するかもポイントです。「最新の情報」「人気の情報」「あなたにお勧めの情報」──同じUIでもコンテンツが変わることで、受け止められ方が変わってきます。

図6は「イケダ商店」という架空のお店のトップ画面です。画面上部の一等地には今日のお勧め情報が取り扱われています。❹は野菜全体を指し、商品も割り引き率も幅があります。一方❺は白菜に特化していますが、割り引き率が50%と高いです。

図6 お店のトップ画面のキーコンテンツでの事例

ⓐのほうが幅広いユーザーに受け入れられる可能性があります。一方で**ⓑ**は「白菜」に興味があるユーザー以外には見向きもされません。もし自分が「今夜は鍋にしよう」と決めていたとします。すると**ⓑ**はとてもお買い得に見えてきます。一方で**ⓐ**は範囲が広くぼんやりしているため、引き付ける力が弱いとも言えます。

　このように、受動的なコンテンツは閲覧するユーザーにとって価値があるなら、対象が狭いほうが効果的だと考えます。ただし、ちゃんとターゲティングしてユーザーに合ったコンテンツを出せないのであれば、カバーする範囲を広くするほうをお勧めします。

———————————

　今回は「受動的」という軸でUIについて考えましたが、UIはユーザーの体験（UX）によって変化します。逆に言うと、どういった体験をしてもらうかによってUIが決まるのです。自分が今作っているUIはどういった体験をユーザーにもたらしたいのか、そしてそれがちゃんと表現されているのかを意識することが重要です。

異なるユーザー層へのデザイン

どういった人へ向けたサービスなのかを考えながら設計することで、的確にデザインへ落とし込みができるようになります。たとえば旅行予約サービスの場合であれば、「旅行情報を持っている人（旅行会社）」「旅行情報を探している人」に分類、設計できます。前者に対しては限られた人しかアクセスできない管理画面を用意し、後者であれば広く一般的に使うことのできるサービス画面を用意して、それぞれのユーザー体験を分けて考えることができます（図1 **ⓐ**）。

しかし、たとえばオークションサービスの場合は「商品を出品する人」「商品を買う人」のように、同一画面上で2つのユーザー層の体験を作っていかなければいけないケースもあり、かつ商品を買う人が出品する人になったり、商品を買う・出品するの両方を行うユーザーもいたりします（図1 **ⓑ**）。今回はこのようなユーザー層が重なっている場合と重なっていない場合の工夫について考えます。

図1 　　重ならない（重なりにくい）サービスと重なるサービス

ⓐ ユーザー層が重なっていない（重なりにくい）サービス　ⓑ ユーザー層が重なっているサービス

重なり合わないユーザー層

まずは、2種類のユーザー層が重なり合わない場合を解説します。

ユーザー層によって画面を分ける

ユーザー層が重なりにくいサービスは、画面上で取り扱うべき情報や訴

求ポイントなどがまるっきり異なります。そのため、あらかじめどちらの
ユーザーなのかを考え、たとえばホーム画面などで、画面のデザイン自体
を分けてしまうという方法も選択肢として考えられます。

もう片方のユーザー層のことをイメージしやすくする

　ユーザー層が重ならない場合、お互いの画面を意識する機会が減ってし
まいます。その場合、もう片方のユーザーがどのように見えているか簡単
にイメージできるようにすることをお勧めします。

　図2は民泊サービスであるAirbnbのホスト登録の画面です。「部屋を貸
したいユーザー」の管理画面上からでも「民泊希望のユーザー」が部屋の情報
ページを見た際にどのよう見えるかわかるプレビューが付いています。こ
れによって、ユーザーを意識しやすくなっています。

図2　　Airbnbのホスト登録画面

重なり合うユーザー層

　たとえばコミュニティサービスでは、情報をただ眺める「閲覧ユーザー」
と、閲覧ユーザーに向けて情報を投稿する「投稿ユーザー」がいます。最初

は閲覧ユーザーとしてサービスを使っていても、何かをきっかけに投稿ユーザーになることがあります。

図3の❶は個人と個人が商品を売買するサービスであるメルカリ、❷は

図3　メルカリ、Creema、クラシル、クックパッドの動線の比較

異なるユーザー層へのデザイン

ハンドメイド商品などを売買可能なサービスCreemaです。それぞれ「買う
ユーザー（探している）」向けの要素と「売るユーザー」向けの要素がありま
す。❷のメルカリでは出品ボタンがホーム画面下部の中央に配置されてい
るのに対して、Creemaでは出品機能は左上のメニューボタンをタップし
ないと出てきません。メルカリは日用品なども含めて売ることが可能なた
め、売るユーザーと買うユーザーの重なりが多いサービスだと思います。
一方で、Creemaは売るユーザーはクリエイターを想定しているため、重
なりは少ないことが考えられます。このように、それぞれのユーザー層が
重なる割合がUIの設計に影響を与える場合があります。

　また、❸のクラシルと❹のクックパッドは、両方ともレシピのコミュニ
ティサービスです。レシピを投稿するボタンがクラシルは右上にあるのに
対して、クックパッドは画面下部の中央に配置されています。どちらが正
解というわけではありませんが、投稿ユーザーに対しての動線をどのくら
い手軽にするか、ほかの閲覧ユーザー向けの機能とどうバランスを取るか
はサービスの考え方が反映されるところでもあると感じます。

　出品や投稿する気のないユーザーにとっては、できるだけその要素は少
ないほうが使い勝手が良いかもしれません。一方で、できるだけ出品や投
稿のための動線を増やしたほうがユーザーは気が付きやすくなります。そ
してこのバランスが、サービスの特徴や作りたい世界観に大きく影響する
のです。

　しかし、「閲覧ユーザー」から「出品・投稿ユーザー」になるのは簡単なこ
とではありません。一方的なナビゲーションを置くと邪魔に感じられて、
離脱するリスクすらあります。それに対する工夫の例として**図4**の

図4　ZOZOTOWNの注文確認画面

ZOZOTOWNでは、注文確定の前の確認画面で、過去に買った商品を売ることにより新しく買う商品が安くできることに気が付くことができます。

　ユーザーに「買う」から「売る」という逆のアクションを取らせる場合、ユーザーのコンテキストに沿った形で売ることのメリットなどを提示する方法があります。そうすることでユーザーの気持ちを動かし、別のユーザー層になる可能性が高くなります。

リテラシーの異なるユーザー層

　ユーザー層の種類には、「はじめて使うユーザー」「ずっと使っているリピートユーザー」という観点も考えられます。「はじめて使うユーザー」を意識しすぎた結果、幼稚で説明的なUIになりすぎてしまわぬよう注意が必要です。

慣れやすい体験を作る

　ユーザーが日々使う流れを意識して初回登録フローのUIを考えることが大事です。**図5**は初回登録画面の流れの図で、通常の利用ではホーム画面から記事の投稿画面を開くことを想定しています。❶は初回登録で記事の投稿も盛り込んだパターン、❷は簡単な初回登録にして、ホーム画面からコーチマークにより記事投稿を体験するものです。❶のほうが目的の画面にスムーズにたどり着けるかもしれませんが、2回目以降の利用方法と大きく異なってしまいます。一方で、❷のデザインは記事をどこから書けばよいかもユーザーが学習できるフローになっています。

　普段よく使う機能を初回に体験してもらう場合は、いつも使うであろう使い勝手で体験してもらうことをお勧めします。

習熟度の高いユーザー向けのUI

　設定項目などは、機能の種類や利用されるページなどで分けられることが多くあります。**図6**のInstagramの投稿画面には、「詳細設定」という小さく目立たないナビゲーションがあり、細かな設定ができるようになっています。新しく使うユーザーには必要なかったり、ヘビーなユーザーしか使わなかったりするような機能を開発することになった場合は、それらをまとめて奥の階層に配置することもお勧めです。

図5　　初回登録時の流れについての2つのデザイン

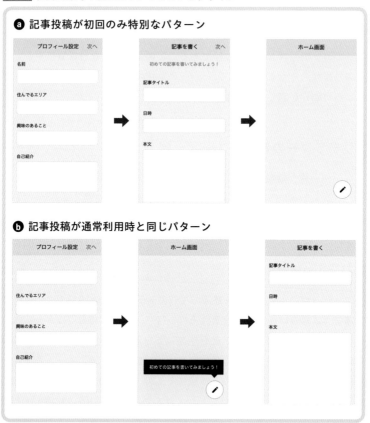

ⓐ 記事投稿が初回のみ特別なパターン

ⓑ 記事投稿が通常利用時と同じパターン

図6　　Instagramの投稿画面

このように、サービスを使うユーザー層はさまざまです。そのため、すべてのユーザー層を一つの UI でカバーしようとすると、特徴のない誰のためでもないデザインになってしまうリスクも増えてしまうと思っています。

　家族や友達など親しい人でもよいので、まずはユーザーになり得る人を身近に見つけイメージすることが大切だと考えます。

待ち時間中のユーザーへの配慮

アプリやWebサービスなどを使っていると、「あれ、ちゃんと動いているのかな？」「ずいぶん時間がかかるなー」といったように待たされていると感じるときがしばしばあります。その原因は、重い処理をしている場合、サービス側で予測ができない負荷がかかっている場合、ユーザーの通信環境が良くない場合などさまざまです。

待ち時間なく快適にサクサク利用してもらうことが理想ではありますが、待ち時間が発生した場合にユーザーのストレスを軽減し、次のアクションまでちゃんと安心してその場で待ってもらうよう配慮することを忘れてはいけません。

たとえば、エレベータの待ち時間の長さを解決するために、エレベータの前に鏡を置くことでクレームが減ったという話は有名です。実際待ち時間自体が短くなったわけではありませんが、鏡に映る自分の身だしなみを整えるなどできるので、待ち時間であるとユーザーが感じる時間が短くなったという話です。

このように、ユーザーの待ち時間をできるだけ快適にするためにはさまざまな工夫が考えられます。その第一歩として、まずは今待ち時間であることをちゃんと伝えることが最低限必要です。そこで、代表的な表現を紹介します。

待ち時間を表す代表的な2つの表現

待ち時間であることをユーザーに視覚的に伝えるUI表現には、大きく次の2つに分かれます。

ⓐ終わり時間を明確に示さないタイプ
ⓑ終わり時間を明確に示したタイプ

形は「円型」または「棒型」で表されることがほとんどです。中でも、ⓐのときに利用するスピナー、ⓑのときに利用するプログレスバーという、代表的な2つを紹介します。

スピナー

スピナー（**図1ⓐ**）は、動作が完了するまでグルグル回り続ける円型のインジケータです。待ち時間の予測ができない場合や待ち時間が短い場合に用いられることが多い表現です。

一般的には、ユーザーが待ち時間がわからない状態で待てる時間は最大4秒だと言われています。もし4秒を超えてしまうことがあらかじめわかる場合は、時間がかかることをユーザーに伝える、またはスピナーではなく次に紹介するプログレスバーの利用をお勧めします。

プログレスバー

プログレスバー（図1ⓑ）は、始まりから終わりまでの時間経過を表示するインジケータです。データのダウンロードやアップロードなど時間がかかる処理の経過を視覚的に伝えるときに多く使われ、スマートフォン版のGoogle Chromeの画面の読み込み時などにも使われています（**図2**）。

棒状に表現されることが多くありますが、iPhoneでAirDropを使ってファイル共有する場合のように円形で表現することもあります（**図3**）。

図1 スピナー（ⓐ）とプログレスバー（ⓑ）

図2 Google Chrome（iPhoneアプリ）

図3 AirDropを使ったファイル共有画面（iPhoneアプリ）

待ち時間をデザインするうえでの工夫

ユーザーの待ち時間を快適にするためには、視覚的にどのように表現をするかという点以外にも、次のようなことを考える必要があります。

- 待ち時間を感じさせない設計ができないか
- 時間がかかることが事前にわかっている場合それをどう伝えるか
- 待ち時間に別の行動がとれるようにできないか

別の操作をできるようにする

家族の写真を共有するアプリ「みてね」は、アップロードしたい写真を選択した直後から別の操作が可能です。実際には写真のアップロード処理自体は進んでいるため、画面上部でそのことを伝えつつ（**図4**）、ユーザーは

図4　みてね（iPhone アプリ）

4

ユーザーの行動への配慮

待ち時間を感じることなく自然にアプリを使うことができるのです。

　もし、アップロードなどの処理とユーザーの操作を分けることが可能であれば、ユーザーに待ち時間を感じさせず、別のことをできるように設計することをお勧めします。

キャンセル、時間制限

　スピナーのように終わる時間がわからないインジケータを表示したうえ、画面の操作も何もできない状態になっていることは、ユーザーに大きなストレスや不安を与えてしまいます。そういった場合、ユーザーが自らキャンセルできるようにしておくのが親切です。

　また、サービスとしてもいつまでも待ち時間にしておくのではなく、一定時間が経っても処理が完了しない場合は自動的にキャンセルし、なぜ完了しなかったかをメッセージで伝えてあげるとよいでしょう。

手間をかけた表現

　近年、動画を扱ったサービスが増えています。動画を使った処理はデータの容量が大きいこともあり、時間のかかることが多々あります。

　複数の動画や静止画から1つのショートムービーを自動生成する動画編集アプリ「Quik」(iPhone)は、ショートムービーを生成するための待ち時間のためにミニゲームが用意されています。そのショートムービーの素材を使ってペアの写真を選んで楽しめるというユニークな工夫です(**図5**)[注1]。

　また、料理動画メディア「Tasty」のアプリでは、データ読み込み中の表現が単調なアニメーションではなく、**図6**のような独自のイラストレーションを使ったユニークな表現になっているため、思わず見入ってしまいます。

　せっかく新しい体験やおもしろい体験を提供していても、時間がかかりそうだからという理由でユーザーが離脱すると、その価値にすら気が付いてもらえません。あらかじめ待ち時間がかかることがわかる場合は、退屈させないための気配りを真剣に検討するとよいでしょう。

注1　2023年現在「Quick」はアクションカメラ「GoPro」をサポートするためのアプリになっており、紹介した機能はなくなっています。しかし、待ち時間にミニゲームができるという発想が斬新であったため、紹介させていただきます。

図5___ Quik（iPhoneアプリ）

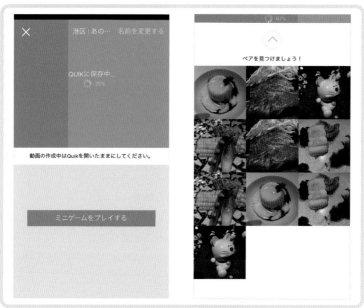

図6___ Tastyのデータ読み込み中のアニメーション

　サービスを開発している開発者は、Wi-Fiを使った快適な通信環境や高スペックな最新の端末を利用していることが多くあります。もし提供するサービスが通信環境の悪いところで使われることが想定されるのであれば、Wi-Fi環境以外で試したり、低いスペックで使っているユーザーのこともシミュレーションしたりしながら、待ち時間をどのようにデザインするかを検討する癖を付けるとよいでしょう。

待ち時間を短く感じさせる方法

一つ前の「待ち時間中のユーザーへの配慮」では、アプリやWebサービスの読み込み中の画面にはスピナーやプログレスバーといったコンポーネントを表示することや、待ち時間が発生しているプロセスを途中でキャンセルできるようにする必要がある、など基本的な対応方法について触れてきました。今回はこの待ち時間のユーザー体験を向上させる方法をさらに掘り下げるべく、大きく2つの方法について紹介していきます。

「待ち時間中のユーザーへの配慮」でも冒頭に、エレベータの待ち時間の話をしました。鏡を置くことで、実際の待ち時間は減っていないものの減っているように感じてもらうという方法です。待ち時間を減らす方法はこのように減っているように感じてもらう方法もあれば、エレベータの実際の待ち時間を減らす手段ももちろん考えられるのです。

待ち時間を短くするための2つの手段

上記で取り上げたように、待ち時間を短くするためには以下の2つがあると言えます。

ⓐ実際の待ち時間を減らす
ⓑ実際の待ち時間は減っていないが、減ったように感じる

これらの考え方は、エレベータだけではなく、Webサイトやスマートフォンアプリでも同様です。私の経験では、アルゴリズムやパフォーマンスの改善など、実質的な待ち時間を減らす施策(ⓐ)はエンジニアがオーナーシップを持ち、技術的な制約などによりどうしても待ち時間が発生してしまう状態の中、待ち時間が減ったように感じさせる施策(ⓑ)はデザイナーがオーナーシップを持つと良いと感じています。

エンジニアがオーナーシップを持ちやすい施策

サービスの体験を良くする代表的な施策として、レスポンスタイムを向

上させるというものがあります。ページの読み込み速度や、動画や画像などコンテンツの応答速度を上げることは明らかにユーザー体験を高めます。レスポンスタイムの改善によって、広告のインプレッションが上がり、それだけで収益も改善したという例も少なくありません。

このような実際の待ち時間を減らす施策については、デザイナーが関与するのは難しい領域です。冒頭に説明したエレベータについても同様です。複数あるエレベータがどのようなアルゴリズムによって往復し、最適に巡回するかを考えることも欠かせない改善点です。この領域はデザイナーよりもエンジニアのほうが発想を膨らませやすい内容と言ってよいと思います。

デザイナーがオーナーシップを持ちやすい施策

一方で、待ち時間を短く感じさせる手段はデザイナーでも考えることができます。ユーザーが待っている間、どんな状態になっているとポジティブに感じるか、待ち時間だという認識を持ちにくいかをまず考えます。そのうえで、それをどう表現するかを検討します。実際の待ち時間を減らすことが難しい場合は、デザイナー中心に何かアイデアを考えてみましょう。

待ち時間が減ったように感じさせるための事例

では、これまで私が仕事で検討した解決手段や、私が待ち時間を実際より短く感じ学びを得たものについていくつか紹介します。

スケルトンスクリーン

スケルトンスクリーンは、コンテンツが表示されるまでに少し時間がかかる場合に中身のない空の状態のコンテンツを表示させることで、コンテンツの表示が遅いと感じにくくする方法です。グレーの背景色などを画像で組み込むことで、比較的簡単に表現することが可能です。**図1**は、Facebook（ⓐ）とYouTube（ⓑ）でのスケルトンスクリーンの事例です。タイムラインにコンテンツを表示するまでのタイムラグを埋めるため、ユーザーが画面にアクセスしたタイミングでスケルトンスクリーンが使われています。

この方法は「待ち時間中のユーザーへの配慮」で紹介した、スピナーやプログレスバーを表示するほどの待ち時間がない場合でも有効です。

図2はスプラッシュスクリーンを使ったSnapchat起動時の事例です。Snapchatは最初にカメラが起動するアプリです。そこで、カメラのUIのよ

図1 ___ FacebookやYouTubeで使われているスケルトンスクリーンの事例

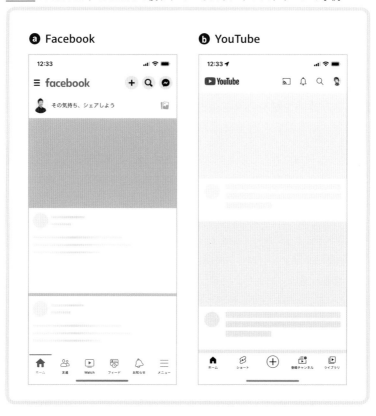

図2 ___ Snapchatのスプラッシュスクリーン

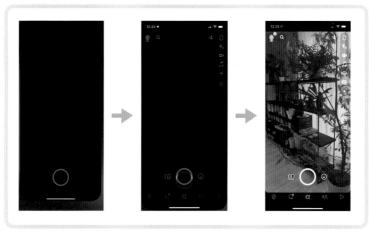

待ち時間を短く感じさせる方法

うなスプラッシュスクリーンをまず表示しています。多くのサービスはこのスプラッシュスクリーンにロゴなどを表示していますが、このような対応をすることで、あたかもすぐにカメラが立ち上がったかのように見せています。そうすることで、実質的な待ち時間は減っていないながら、減ったような気持ちにさせているのです。

読み込み時間を細分化する演出

　ファイルの読み込み時間が長い場合や通信に時間がかかっている場合、どのような理由によるものなのかを具体的に分けて表示することで待ち時間が長い理由が明確になると、いらだちが薄れるのではないかと感じます。

　図3は、Google Photosのアップロード中の画面です。複数のファイルをアップロードした場合、現在何がアップロードされているのかユーザーが認識できるようになっています。こうすることによって、たとえば「特別長い動画だからアップロード時間が写真よりもかかってもしかたがない」「遅い場合は分けてアップロードしよう」などのように認識でき、ただ待たされていることの不安から解消されると思います。

　図4は、Nintendo Switchのインターネット接続開始処理中の画面です。接続のフェーズを2つに分け、現在の段階を明確に表しています。もし待ち時間が長くなる場合やエラーが出た場合でも、その原因がどのフェーズによるものかが明確なので、対処もしやすくなります。

図3　　Google Photosのファイルアップロード状態

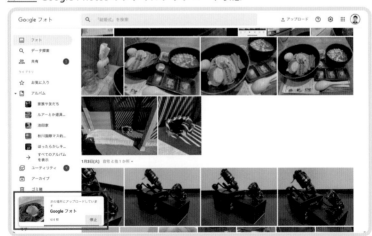

図4 Nintendo Switch のインターネット接続開始処理中の画面

©Nintendo

TIPSの表示や世界観の演出

「待ち時間のデザイン」でもこのTIPS表示の例に少しだけ触れました。今回は具体的な事例で説明します。

ゲーム機の場合は、アプリやWebサービスよりも多くの待ち時間が発生してしまう傾向にあります。そのため、待ち時間に対する配慮がより多くされています。また、利便性を追求するツール的なサービスや情報サービスでないエンターテイメントサービスは、待ち時間をうまく使って世界観を伝え、没入感を演出できる機会でもあります。

図5のNintendo Switch向けゲーム『ゼルダの伝説　ブレス オブ ザ ワイルド』では、シーンが変わる読み込み中の画面に、ゲームの世界観が伝わるグラフィックに加えてゲームに役立つTIPSが表示されます。また、画面右上に表示されているルビーの数などは、普段のフィールド上では見ることのできない要素です。常に見せなくてもよい情報をこのように読み込み中の画面だけに見せてあげるというのもおもしろい考え方だと思います。

図6は、『ELDEN RING』のロード画面です。Steam版は、図5の事例と同様に待ち時間にゲームに役立つTIPSが書かれたグラフィックが表示されます。しかし、PlayStation 5版ではスペックが同一で待ち時間が短いことが保証されているため、このTIPSの要素は省略されています。このように、いくら世界観を演出できていても、TIPSが表示されるロード画面に統一してまで待ち時間を長くする必要はない、という判断をしているのではない

図5 『ゼルダの伝説　ブレス オブ ザ ワイルド』のロード中の画面

図6 『ELDEN RING』の Steam 版と PlayStation5 版でのロード画面の違い

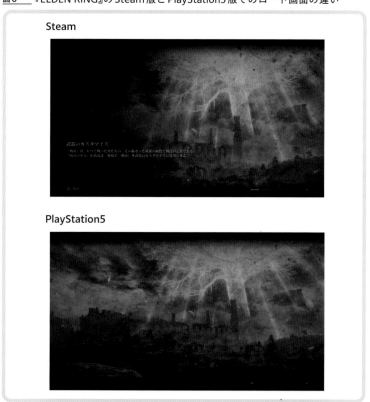

◆ 電子書籍・雑誌を 読んでみよう！

| 技術評論社　GDP | 検索 |

と検索するか、以下のQRコード・URLへ、
パソコン・スマホから検索してください。

https://gihyo.jp/dp

1 アカウントを登録後、ログインします。
【外部サービス（Google、Facebook、Yahoo!JAPAN）でもログイン可能】

2 ラインナップは入門書から専門書、
趣味書まで3,500点以上！

3 購入したい書籍を 🛒カート に入れます。

4 お支払いは「**PayPal**」にて決済します。

5 さあ、電子書籍の
読書スタートです！

も電子版で読める！

電子版定期購読がお得に楽しめる！

くわしくは、
「**Gihyo Digital Publishing**」
のトップページをご覧ください。

🎁 電子書籍をプレゼントしよう！

Gihyo Digital Publishing でお買い求めいただける特定の商品と引き替えが可能な、ギフトコードをご購入いただけるようになりました。おすすめの電子書籍や電子雑誌を贈ってみませんか？

こんなシーンで…
●ご入学のお祝いに　●新社会人への贈り物に
●イベントやコンテストのプレゼントに　………

◉ギフトコードとは？　Gihyo Digital Publishing で販売している商品と引き替えできるクーポンコードです。コードと商品は一対一で結びつけられています。

くわしいご利用方法は、「Gihyo Digital Publishing」をご覧ください。

電脳会議

紙面版

新規送付の
お申し込みは…

電脳会議事務局　　　　検　索

で検索、もしくは以下の QR コード・URL から
登録をお願いします。

https://gihyo.jp/site/inquiry/dennou

一切
無料！

「電脳会議」紙面版の送付は送料含め費用は
一切無料です。
登録時の個人情報の取扱については、株式
会社技術評論社のプライバシーポリシーに準
じます。

技術評論社のプライバシーポリシー
はこちらを検索。

https://gihyo.jp/site/policy/

技術評論社　　電脳会議事務局
〒162-0846　東京都新宿区市谷左内町21-13

かと思います。

　ユーザーにとっては、無駄な時間・無駄な画面をできるだけ排除し、便利に使えるサービスにするということは何よりも優先的に考えることだとも言えます。

————————

　今回は、待ち時間を実際に減らす施策と、実際の待ち時間を減らさなくとも体感的に減らすことのできるであろう施策について考えてみました。冒頭でも書いたとおり、この施策はUIデザインではなく、技術的なアプローチによって解決するのが適切なケースもあります。それを理解し無理にデザインだけで解決するのではなく、エンジニアと共同で考えていくことが解決への近道だと考えます。

コンテンツがないときに考えること

　サービスを運営していると、サービスを使いはじめたばかりのユーザーは機能を幅広く利用していなかったり、サービス自体が開始したばかりでまだ十分な情報がなかったりすることがあります。そのような状況では、あらかじめ考えていた理想のデザインの状態になるほどのコンテンツがないこともあります。そのため、画面の全部あるいは一部が空になっているときにどのような対応をするべきか、あらかじめちゃんと決めておく必要があります。この、コンテンツが空の画面のことを「エンプティステート」とも呼びます。今回はこのエンプティステートを中心に、コンテンツがないときの表現や対応手段について紹介します。

画面全体が空の状態と画面の一部が空の状態

　想定していたコンテンツが表示されない状態には、画面そのものが機能しておらず全体が空の状態と、画面の一部だけが空の状態のどちらも考えられます。後者に関しては、複数の切り口でコンテンツを表示させている画面において、一部が欠けているような状態です。

　図1ⓐは画面全体が空のため、サービス運営者としても問題意識が強く、あらかじめ対応策が考えやすいように感じますが、図1ⓑの状態に対しても、どのような対応をするのかちゃんと考えておかないといけません。特にユーザーによって情報を出し分けるなどパーソナライズされたコンテンツを表示する領域では、サービスの利用初期段階のユーザーにどのような情報を表示するかを十分に考えておく必要があります。その際、領域が空にならないように行動履歴に依存しないコンテンツを表示するなど代替案を考えておくことも重要です。

図1 画面全体が空の状態(❶)と、画面の一部が空の状態(❷)の事例

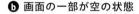

画面全体が空の状態での対応策

　画面全体が空の状態の場合、ユーザーにとって意味のない画面になります。したがって、何も対応をしないと機会損失が大きくなってしまいます。空の状態になってしまいそうな場合は、どういう体験でリカバーできるかを事前に検討しておくようにしましょう。ただ「XXXがありません」とだけ無機質に書くだけでは、ユーザーへの配慮が弱すぎます。

　コンテンツが空の状態になる状況は、以下の2つに分けられると考えています。自分のサービスでどちらのケースかあらかじめ把握しておきましょう。

- **ユーザーの行動によって状態を解消できるケース**
- **ユーザーの行動によって状態が解消できないケース**

ユーザーの行動によって状態を解消できるケース

　たとえば、SNSアプリをはじめて起動しタイムラインに訪れた際に何も表示されていない状況や、お気に入りなどユーザーが能動的に使う機能にはじめてアクセスした状況は、ユーザー自身が行動することで解消可能です。ユーザーが積極的に行動できるよう、そのサービスや機能の魅力を伝

えて、次のアクションへと促すことを最優先に設計するのがお勧めです。

　図2は、フードデリバリサービス「Chompy」のお気に入り機能の画面です。現在お気に入りがないことを伝えると同時に、お気に入りに入れることでどのようなユーザーへのメリットがあるかを記載しています。次のアクションにつなげるために、ユーザーにとっての利点をちゃんと記載することが大切なのです。

　図3のレシピアプリであるクックパッドの自分のレシピ画面では、レシピの投稿ハードルを下げるためのしかけが作られています。レシピを書くという次の行為につながる動線のほかに、投稿するという行動に対して、運営からレシピを教えてほしいという文脈で問いかけているほか、ユーザーが投稿した新しいレシピを見せ投稿の敷居を下げています。

　このように、ユーザー自身の行動でその画面が価値のある状態になる場合は、行動を促すための魅力的な内容を掲載するように意識しましょう。

図2　フードデリバリサービス Chompy
のお気に入り画面での事例

図3　料理レシピ検索アプリクックパッ
ドの自分のレシピ画面での事例

ユーザーの行動によって状態が解消できないケース

　ユーザー自身の行動では解消が難しいケースもあります。たとえば、ECサイトなどでユーザーが求めた商品が検索になくて検索結果が空っぽになってしまうケースや、クチコミサイトでユーザーが住んでいる地域では満足な情報がまだないようなケースです。このような場合は、ユーザーの行動そのものでは解消が難しいため、運営者側での機能の見直しや、その状態に出会ってしまったユーザーの心情をなだめるようなコミュニケーションが必要です。

　フードデリバリサービスのクックパッドマートでは、自分のエリアが対象外の場合は、対象になったときにお知らせする機能が備わっています（**図4**）。ユーザー自身の行動で解消ができない場合は、サービス運営者側の行動で変化を伝えられるようにすることを検討する必要があります。

図4　　フードデリバリサービス「クックパッドマート」の未対応地域への対応開始
　　　メッセージ

画面の一部が空の状態での対応策

　十分な情報を表示できないような場面は、画面全体だけとは限りません。たとえば複数の切り口でコンテンツを見せようとする場合、その一部が表示できず一部のコンテンツが抜けてしまうといった状況はよくあります。こういった状況に対してどのようにするか、ちゃんと対応方針を考えておく必要があります。

　私がこれまでデザインするなかでは、以下の3つのパターンが考えられました。どれも「コンテンツが十分にない」という状況は同じですが、対応のしかたが異なります。どれが常に正解というわけではなく、ユーザーへの向き合い方によって正解は異なってくるように思っています。

そのままにする

　一部の情報が欠けているといえどもサービスとしては成立していることから、コンテンツが欠けていることをあえてユーザーに認知させず、そのままにするパターンです（**図5**）。この事例では1件はコンテンツが見えてい

図5　コンテンツがないことを伝えずそのままにするパターン

るため、状態としては問題ないとも言えます。しかし、見方によっては、画面の一部が崩れているようにも見てとれるかもしれません。

　一方で後述する欠けていることをあえてユーザーに説明する方法だと、意識していなかったユーザーがそのことを意識してしまいます。自然に受け流してもらいたいような場面ではこのそのままにするパターンがお勧めですが、コンテンツが欠けている状態でもできるだけ不自然に見えないデザインの配慮を検討しておきましょう。

ないことを伝える

　コンテンツが不足している部分に、「コンテンツがない」という情報を載せユーザーに伝えるパターンです（**図6**）。ないということを強く主張するのもイマイチではありますが、抜けている状態に違和感を持ってしまわれないメリットはあります。そのような場合、ただコンテンツがないということを書くだけではなく、なぜコンテンツが出ていないかを軽く伝えてあげることで、ユーザーの納得度が上がり好感を持ってもらえる可能性もあります。

図6　　コンテンツがないことを伝えるパターン

コンテンツを可変にする

　最後は、一番実装コストがかかりそうなパターンです。コンテンツの個数に合わせてデザインを変えるというパターン（**図7**）です。パッと見では画面に最適化された状態にできますが、ユーザーが見えているデザインが状況に合わせて異なるため、アクセスするたびにデザインが変わっているとも言えます。また、仕様が複雑になるため、確認などのコストも上がります。一見、一番良い対応方法とも考えられますが、ここまでの対応をする価値があるのかは、コンテンツが抜けるであろう頻度や今後のコンテンツの拡充予定などによって検討が必要とも言えるでしょう。

図7　　個数に応じてコンテンツを可変にするパターン

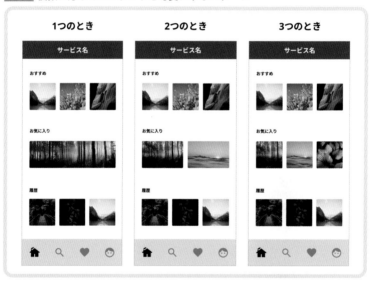

　今回はコンテンツがない状態について、どのような対応をしてユーザーとコミュニケーションをとるのかを取り上げました。コンテンツがないということは、ユーザーにとって望ましいことではありません。今回はUIで工夫できることにどのようなことがあるかを考えてきましたが、コンテンツを充足させたり、うまく行動を促す施策を考えたりするなど別の方法でも対処することは可能だと思っています。UI表現自体は控えめに、ほかの方法で対処することも視野に入れていけるとよいと考えます。

5

画面と画面遷移の設計

画像はどう置く？
位置、大きさ、そろえ方

動画や写真は、ほとんどのサービスには欠かせない要素です。それらの情報をメインとして大きく取り扱うのか、サブとして小さめに取り扱うのか、画面の狭いスマートフォンでどのようにレイアウトするかによって、ユーザーが直感的に情報をとらえることができるかの肝にもなってきます。今回は連続する複数の候補を並べるリストの中で、ユーザーの目線を引きつける「画像」の扱い方に焦点を当てます。

左側に置く？ 右側に置く？

図1や図2のように、リストにはそれぞれの項目に関係する「画像」が付くことが多くあります。この画像を左側に置くか右側に置くかは、サービスやアプリによって異なります。どちらに置くのが効果的か、2つの観点で解説します。

図1　画像を左側に置いた例

 オリジナルプレートセットA
¥3,980

 オリジナルプレートセットB
¥4,980

図2　画像を右側に置いた例

関東地方で花粉の量がピーク
2017/3/10（金）15:00

京都が宿泊者満足度ナンバー1に
2017/3/9（木）15:00

要素の位置関係と情報の重要性

日本語で横書きの場合、ユーザーは左から右に目線を動かすことが想定されます。それを考慮すると、画像を左側に置いた場合ユーザーの認識は「画像→タイトル→説明[注1]」、右側に置いた場合は「タイトル→説明→画像」と認識する順序が変わります。このように、左に置く場合は最初に画像を認識するため、画像の重要度がとても上がります。逆に右側に置く場合は

注1　今回の例では値段や日時が表示されています。

タイトルなどの文字情報を最初に認識し最後に画像に目をやることになるため、画像の重要度は下がります。

たとえば、図1の商品内容を認識する場合のように写真が直感的な場合は、左側に置くことをお勧めします。一方図2のように写真自体に具体性が弱く補助情報として写真を用いる場合は、文字情報のほうが大切になるため写真を右側に置いたほうが効果的だと考えます。

画像が入らない場合と読みやすさ

今度は別の観点から考えます。

項目ごとに画像の有無が変わる場合、画像を右側に置くことをお勧めします。**図3**のように画像が入らない際に左側に詰めると、文字の位置がそろわなくなり上下の比較がしにくくなります。それをカバーする手段として**図4**のように空っぽの画像を入れるという方法もありますが、無駄なスペースになってしまいます。画像を右側に置いた場合は、文字の位置がそろうため空っぽの画像を用意する必要はありません。

図3 ____ 左側に画像がある・ないの違いで文字の位置がそろわない

図4 ____ 文字の位置をそろえるため、空の画像を配置

画像をメインに使い感性に訴えかける

リストにおいて、文字よりも画像のほうがユーザーにとって重要なケースもあります。中でもなんとなく眺める体験が大切な2つのケースを説明します。

写真を全面にゆとりをもって配置

ホテルや旅館、レストランの予約サービスである一休.com[注2]のスマートフォン用トップページ(**図5**)ではリストの各項目全面に写真が大きく用い

注2　https://www.ikyu.com/

図5 一休.com のスマートフォン Web

られ、価格などの文字情報は画像を邪魔しないように配置されています。とりわけ、一休で扱われているホテルは高級で雰囲気が良いものが厳選されています。「何県何温泉のあのホテルを今すぐに最安で予約したい」という目的よりも、「貴重な休みがとれたのでどこか良い場所はないだろうか」——自分が滞在するときのことを想像しながらリストを眺めることを想定しているのではないでしょうか。

このリストが仮に図2のように小さく文字情報中心では、そのような想像に浸ることは難しいように感じます。

あえてそろえない雑誌的な体験

そろえることで読みやすく比較しやすいという意味があれば、そろえないことにもまた意味があります。

画像コレクションサービスの Pinterest[注3]のボード画面は、2ペインで写

真のサイズに合わせて縦にリストを並べています（**図6**）。あえてそろえないことでユーザーは自由に目線を動かし、まるで雑誌を眺めているようにスクロールする設計になっていると感じられます。不ぞろいに配置していることがユーザーの気を和らげる一方で、意識的に写真に目をやる必要があるため、結果的に写真への注目を促す効果があるように思います。

　しかし、いち早く目的のものを見つけることを主眼にした場合には、この配置は向きません。目線の移動も多くほかの要素との比較がしづらいからです。いち早く目的のものを見つけられるようにしたい場合は、目線の移動ができるだけ少なくなるよう、図1や図2のようにリストに表示される項目を比較しやすくしてあげることが大切です。

図6　Pinterest (iPhoneアプリ) のボード

一覧をタップした先の情報量を意識した画面デザイン

　リストで作られた一覧には多くの場合、タップした先でより詳しい情報を見ることができる画面が存在しています。ユーザーは気になった情報を

タップしてその先の画面を見るため、リストをデザインする際には先の画面を意識することを忘れてはいけません。2つの画面は1つのユーザー体験としてつながっているからです。リストからタップしたときに、次の画面ではユーザーが何を期待しているかを考えておく必要があります。

　図1（下に再掲）の一覧から1つ目の項目をタップした先に続く画面のパターンを示します。

　図7では、最初にユーザーが受け取ることのできる情報量がほとんど前の画面と変わりません。**図8**では前の画面で見た写真の下にほかの写真候補を示すことで追加の情報があることが認識でき、情報量に差を出せます。しかし、この小さなサムネイルに気が付かない場合、差をとらえにくくなります。**図9**では2枚目の写真があることが明確にわかり、ここをスワイプすることでさらに写真を見られることが伝わってきます。

　リストをタップしたということは、ユーザーはさらなる情報を求めてい

図1　　画像を左側に置いた例（再掲）

オリジナルプレートセットA
¥3,980

オリジナルプレートセットB
¥4,980

図7　　一覧の画像の情報量が図1とほぼ一緒

オリジナルプレートセットA
¥3,980　　　　カートに入れる

図8　　2枚目以降の画像が下部に並んでいる

オリジナルプレートセットA
¥3,980　　　　カートに入れる

図9　　2枚目の画像がチラリと見えている

オリジナルプレートセットA
¥3,980　　　　カートに入れる

ます。さらなる情報があることを直感的に認識させ、興味をさらに惹きつけることが早い段階でできると効果的だと考えます。

―――――――――

　今回は、リストに用いられる画像の配置に焦点を当てました。ユーザーにとって何が重要で、どういう流れで情報に接触するかを考えることが大切です。たかがリストでも、ちゃんと意図を持ってデザインすることでより効果的な体験が作れます。

長くなりがちなコンテンツを
どう見やすくするか

　最初はシンプルだったWebサービスの画面も、気が付いたらとても長くなってしまうことがあります。本来の目的と関係の薄い情報が増えユーザーにとってわかりにくくなったり、情報が充実しコンテンツが増えた反面欲しい情報にたどり着けず使いにくくなったりしてしまうこともあります。特に前者の、本来の目的と関係の薄い情報である「広告」や「関連情報」については、増やしすぎないよう注意が必要です。

　対処法として画面を分割することも考えられますが、ユーザーがアクセスしにくくなったり、分割先の存在に気付かれず効果が発揮できなかったりします。分割せず主力の画面に情報を載せたほうが効果的なため、画面が長くなってしまいやすいのです。

　とはいえ、画面の中に増やした要素が、回遊数[注1]を増やしたり、直帰率[注2]を下げたりする役割を担うこともももちろんあります。追加する際は、ユーザーの気持ちを考えたうえで、挿入時にUIを工夫する必要があります。

　今回は、まずはできるだけ画面が長くならないようにするためどうすればよいか、次に長くなった場合どのように考えて対応するかをこれまで筆者が考えてきたことや実践してきたことをもとに紹介します。

要素を追加する際に意識すること

　たとえばあるお店の画面が存在する場合、「関連する近くのお店」「同じカテゴリの新着のお店」「このお店を見ている人がほかに見ているお店」を表示するなど、回遊のためのいろいろな施策が考えられます。どれも役に立つ情報かもしれませんが、少し考えてみましょう。

注1　サイト内のページをどれだけの量見て回ったかの数のことです。
注2　サイトにたどり着いたあとほかのページを見ずにすぐにそのサイトから離れた率のことです。

すでにある要素を削る。または分け合う

　要素を追加しようとしている場合、類似する機能がないか、もしあれば削ることができないかを考えましょう。既存のものを消してまで追加するほど価値があるかという視点を持つことで、精度の高いものを作ろうという意識も生まれます。

　また、削らなくても「既存の要素と半分ずつにすることはできないか」も検討できます。要素を分けるには**図1ⓐ**のように表示面積を分ける方法もあれば、図1ⓑのように面積は変えずユーザーのアクセスに応じて出し分ける方法もあります。

図1　　要素を分け合った例

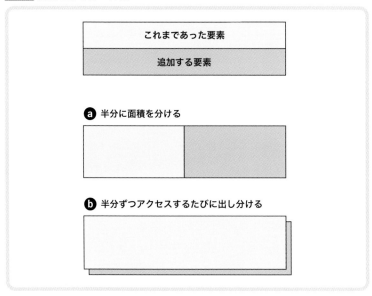

効果の最大化を意識する

　ある要素を追加した場合、その要素に効果が奪われ、ほかの要素の効果が薄れる可能性があります。たとえばリンクを追加した場合、仮にクリックされていたとしても、**図2ⓐ**のようにほかの要素のクリックを奪っているかもしれません。その場合、既存の要素は新しい要素と同じ役割を持っていて、削ってもよい要素かもしれません。

　一方で図2ⓑのようにこれまでの要素のクリック数は変化せず新しい要

図2　要素追加後のクリック数の変化例

素のぶんだけ増えていたとしたら、これまで興味を持たず離脱していたユーザーが新しい要素に興味を持った可能性があります。

　このように要素を追加する場合は、その画面において効果（クリック数を評価とする場合1PVあたりのクリック数など）を最大化するためにはどうすればよいかを意識しましょう。

面積比率をルール化する

　ルールなく要素を追加していくときりがありません。

　筆者の経験では、「その画面に本来あるべき要素が7割、関連する情報など関係の薄い要素は3割」といったように具体的にルールを用いたこともあります。このルールで決めた割合を超えない範囲では要素追加が自由にできます。超えない範囲で効果の最大化を行うのです。

長くなった場合の対応法

　画面に要素を追加することになった場合、どの場所にどういったサイズで追加するか、そしてどんなUIか、ユーザーの行動を考えて実行することが大切です。ユーザーが目的の要素にたどり着くことを想像し、その間の

つまずきをできるだけ軽減することを念頭に置きましょう。

　ここからは、画面が長くなってしまった場合の対処法を紹介します。

画面内のキーとなる要素を知る

　画面によっては、ユーザーが一番見ている、またクリックしているキーとなる要素(境界)が存在していることがあります。たとえば、商品画面であれば「クチコミ」、レシピ画面であれば「手順」、店舗画面であれば「地図」などが考えられます。それらの要素がファーストビューに入っていなくても、ユーザーはそれを求めてスクロールします。しかし、**図3 ⓐ**のように画面上部のファーストビューに追加要素を置きすぎると、スクロールする気力を失い離脱する可能性もあります。

　逆に図3 ⓒのようにキーとなる要素の下のほうに置けばユーザーの邪魔にはなりにくいですが、そこまでスクロールするユーザーが減り効果がありません。

　たとえば図3 ⓑのようにキーとなるコンテンツの直前に置くことで、スクロールしてもらいユーザーの視野に入りやすい可能性があります[注3]。

図3　　キーとなる要素と追加要素の位置

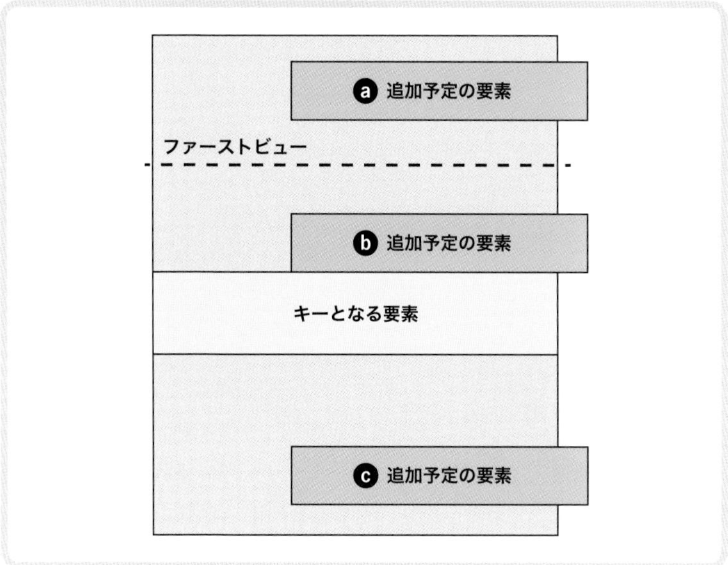

- ⓐ 追加予定の要素
- **ファーストビュー**
- ⓑ 追加予定の要素
- **キーとなる要素**
- ⓒ 追加予定の要素

注3　もちろん、どのような画面かによって効果は異なります。

追加要素を分散させる

　同じ場所に要素を追加するよりも、分散することでユーザーの負担を軽減し、気付きやすくなることも考えられます。検索結果などの一覧画面では、項目が繰り返されるため、たとえば**図4**のように5件に1件関連情報などの別の要素を挟むことも考えられます。リストをずっと眺めてもらうよりも絞り込んだり関連する情報を見たりするなど別の視点を与えることによって、目的にたどり着きやすくなる場合もあります。

図4　一覧の項目内に要素を分散して配置した例

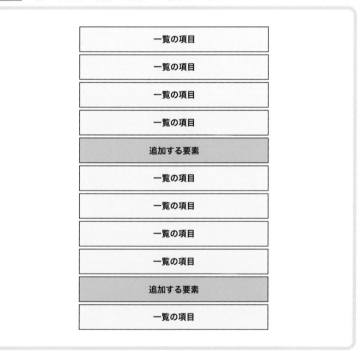

一部の要素を隠す

　画面の要素が増えてきた場合、必要なユーザーだけ見ればよいような情報については隠しておいて、クリックすると情報を見ることができるUIも考えられます。

　ハンドメイド商品の売買ができるECプラットフォーム「Creema」のiPhoneアプリの商品画面（**図5**）では、「配送方法／料金」「決済方法」は内容

図5＿＿ Creema の iPhone アプリ

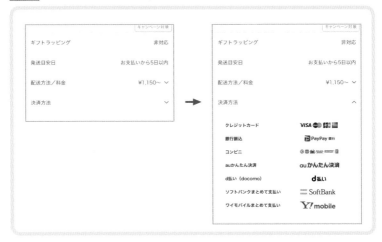

が最初隠れていて、タップすると中身が出現します。購買意欲に直接つながりにくいが購入の意思があるユーザーや気になるユーザーには必要な情報は、このような扱いができます。

＿＿＿＿＿＿＿＿＿＿＿＿＿

　画面の要素追加については短期的にネガティブな結果がなくとも、長期的に見た場合ユーザー離れにつながってしまっていたということも考えられます。数字を意識することも大事ですが、ユーザーの立場での直感も大切にして判断することも忘れないようにしましょう。

横配置メニューの項目数が
多くなった場合の表現

　タブをはじめ横にメニューを配置するナビゲーションは、サービス開発をしているとよく利用するUIコンポーネントです。そしてタブなどのメニューは、サービスを運営していると内容やメニュー数がよく変わります。最初はシンプルでコンパクトだったのに、時間が経つにつれどんどん増えていくものです。

　本来であれば追加のたびに優先度を付けて、メニューに追加するべきか追加しないべきか、追加するなら何か外せるかの判断をしていくべきです。しかし、サービスが拡大すると開発組織も大きくなり部分最適になりやすいうえ、ユーザーが増えていくとメニューを削ることによるユーザーに与える影響が大きくなっていきます。そのため削る判断がしづらくなったり、外すことを検討しても実際は難しく諦めたりする場合もあります。一度追加したメニューをあとから減らすことは難しいものです。

　そこで今回は、タブなど横方向にメニューを配置するナビゲーションの注意点と、メニュー数が増えたときにUI上どのような対応をすると使い勝手が良いか、具体的な事例をもとに書いていきます。

横に配置するメニューを使うときの注意点

　最初に、横にメニューを配置するデメリットについて、縦方向の配置と比較して2点紹介します。デメリットとして取り上げた点が大きな影響を及ぼしそうな場合、横配置ではなく縦配置のメニューを採用することも検討しましょう（**図1**）。

縦方向に比べ、一度に表示できるメニュー件数が少ない

　特にスマートフォンの画面は横幅が狭く縦幅が長いため、縦方向にメニューを配置したほうが画面内に多く表示できます（図1**❶**）。しかし、横に配置すると高さを取らないため、メニュー直下にコンテンツなど別の要素を配置できるメリットも当然あります。

図1　横に配置したメニューと縦に配置したメニューの違い

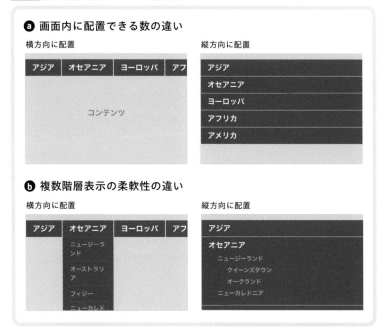

　横に配置する場合、メニュー数は多くても5つほどです。そのため最初から6つ以上のメニュー数があり、どの項目も画面内にできるだけ表示したい場合は、どのように表示するか最初から検討する必要があります。

複数の階層構造を一度に表示しにくい

　メニューの階層が複数になる場合も、縦方向に配置したほうが階層をわかりやすく表現できます（図1❻）。縦方向の場合は、階層が深くなった場合でもメニューの行頭を下げることでその階層をわかりやすく表現できますが、横方向に配置した場合は、そのままの状態では下の階層を見せるのは難しくなります。マウスオーバーするかクリックして下の階層を縦に表示するなどの検討が必要になります。

横配置メニューの件数が増えた場合の対応事例

　縦方向にメニューを配置したほうが1画面に表示できるメニューの数が多くなり、階層構造がある場合もわかりやすく表現できます。一方で場所もとって

しまうため、できるだけメニューをコンパクトにしたい場合は横方向に配置せざるを得ないとも言えます。そのため横方向にメニューを配置しながら、メニュー数が増えたときの対応方法についていくつかのパターンを紹介します。

スクローラブルにするパターン

まず考えられるのが、メニューを画面の外に並べてスクロールしてユーザーに選択してもらう方法です。Material Design ではこのスクローラブルなタブはガイドラインにも記載されているため[注1]、Android アプリなどではよく利用されています[注2]。アプリではよく利用される表現ではありますが、画面外にメニューを配置した場合、ユーザーに気が付かれないことが多々あります。そのため、タップされないことが許容できないときは採用しづらくなってしまいます。

Google Play の Android アプリ（**図2**）では上下に2つのタブが使われていて、上のタブがスクローラブルなものです。画面外のメニュー項目は気が

図2＿＿ Google Play の Android アプリ

注1　https://material.io/components/tabs
注2　Apple の Human Interface Guidelines には、スクロール可能なタブのデザインについての記載はありません。

付きにくいと前述しましたが、カテゴリなど項目が多くあることをユーザーが推測しやすいものは、そうでないものと比べてスクロールされる可能性も高まります。どういった項目をメニューとして配置するかによっても、適したUIのパターンが変わってきます。

最後のメニューにまとめるパターン

このパターンは、画面内の最後のメニューを「その他」「メニュー」などとして、入りきらないメニューを次の画面に配置するパターンです。画面内に「その他」などの項目が表示できるため、この中にもメニューがあることをユーザーに確実に伝えることができます。入りきらなかったメニューを見るためには1タップ必要となりますが、多くのメニューがあることを認識してもらいやすいため、スクローラブルにするよりも確実にユーザーに認識してもらえます。

FacebookのiPhoneアプリ（**図3**）では、画面下部のタブバーにこのパター

図3＿＿ FacebookのiPhoneアプリ

ンが利用されています。6つ目のアイコンをタップすることで、5つ目まで
に表示されていたメニュー以外の項目もすべて表示されます。当然直接タ
ブバーに表示されているメニューよりもユーザーがタップする機会は減る
と思いますが、メニュー画面を専用で作ることができるため、メニュー数
の多さを気にせずに追加できる点がメリットです。

複数段にするパターン

　メニュー数が増えた場合、折り返して複数段にするパターンです。画面
内に表示されるナビゲーションの割合は増えてしまいますが、多くのメ
ニューをユーザーに認識してもらえます。しかし、メニュー数がさらに増
えるとその分段数も増えてしまうので注意しなければいけません。

　@cosmeのスマートフォンWeb（**図4**）ではメニュー項目が2段になって
いて、最後の項目は図3のFacebookと同様にすべてのメニューが表示され
る画面が用意されています。Facebookとは異なり下部に固定せず画面の途
中に配置する場合は、このように複数段で並べることも選択肢として考え
られます。

図4　@cosmeのスマートフォンWeb

長押しで表示するパターン

　Tweetbot[注3]のiPhoneアプリ（**図5**）は画面下部に5つのメニューが並んで
いますが、右の2つは長押しすると別のメニューが現れるようになってい
ます。画面にはいつも表示されているわけではないため一見気が付きませ
んが、Tweetbotのようなツール型のアプリケーションの場合は、慣れれば

注3　2023年1月に「Tweetbot」はサービスの終了を発表しましたが、長押しを活用した事例として
　　ユニークであったためそのまま取り上げます。

図5　Tweetbot の iPhone アプリ

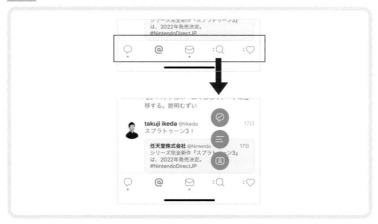

使いやすい方法も選択肢として候補に考えられます。あらかじめ何のメニューが隠れているか把握できると、クイックにアクセスしやすく便利に使えるナビゲーションとも言えます。

———————————

　今回は横方向にメニューを配置するナビゲーションについて、具体的な事例を交えてその特徴を書きました。冒頭で記載したように、メニュー数を安易に増やさないようサービス運営していくことが先決ではありますが、増えてしまった場合でも今回紹介した事例のように、いくつかの手段が考えられます。同じ横配置のメニューでも、どういったパターンを使うかによってユーザーからの認識や使い勝手も変わってくるため、考えて選択しましょう。

横配置メニューの項目数が多くなった場合の表現

「もっと見る」をちゃんとデザインする

インターネットは紙媒体と違って、情報量を気にしなくてよいとしばしば語られます。しかし、ユーザーに意図した情報がちゃんと届けられるかは別問題です。本章の「長くなりがちなコンテンツをどう見やすくするか」（130ページ）でも、画面にコンテンツが増えていくことをどう考えるか、またどのように効果的に情報を追加するかについて触れました。

今回はその中でも特に、一部の情報をまず見せたうえで、それ以上見たいユーザーが能動的に情報を表示するアクションのためによく使われる「もっと見る」のUIについて考えます。

「もっと見る」を使うシーン

「もっと見る」には、大きく分けて2つの使い方があります。1つ目は、さまざまな目的を持つユーザーが訪れるような画面において、特定の切り口の情報だけではなく、いろいろな切り口で情報を少しずつ見せる必要がある場面です。2つ目は、一覧画面ですべての情報を一度に表示させると件数が多すぎるため途中で切って表示し、続きを見たい人が「もっと見る」を押すような場面です。

ⓐ複数の切り口をコンパクトに見せるために使う場合

トップページなどサービスの顔となる画面は、サービス全体の目次のような役割を果たすことがあります。そのためいろいろな切り口の情報を少しずつ見せてあげることで、そのサービスの全体像をつかんでもらいやすくなります。またいろいろな切り口の情報を見せることが楽しさの表現にもつながります。**図1**のハンドメイドのECプラットフォームサービス「minne」のピックアップ画面では、「今週のランキング」「最近見た作品」など作品をさまざまな切り口で紹介してユーザーの興味の入口を作っています。

❺連続する情報を途中で切るときに使う場合

こちらは、検索結果画面やユーザー一覧などの画面において、20件や50件などで情報を切って「もっと見る」で続きを読ませる場合です。**図2**の@cosmeは、「もっとみる」をタップすることでその画面下にニュースの一覧の続きが表示されるUIです。

この❺の使い方については「もっと見る」ではなく、特定の件数ごとにページを分けて表示するページャを用いたり、ユーザーが画面下部に到達し続きがある場合は自動的に次の情報を読み込む手段（オートページャ）を用いたりなど対案もいくつかあります。どの方法を用いたらよいかは、優先的に実現したいユーザー体験などによっても異なります。

図1＿＿＿ minneのiPhoneアプリ

図2＿＿＿ @cosmeのスマートフォンWeb

「もっと見る」をどう配置するか

「もっと見る」を配置する位置には2つが考えられます。図1のminneのようにタイトルの横に右寄せで置く場合、またはライフスタイルメディアのキナリノ（**図3**）のようにコンテンツの下に置く（「編集部のお気に入りを見る」のように）場合の2つです。タイトルの横に置いたほうが枠の高さを節約でき、きれいに収まります。しかし下に置いたほうがユーザーの目線には入りやすくスペースも十分確保できるため、筆者の過去の経験では後者のほうが「もっと見る」へのタップ数は多くなる傾向がありました。

上記の❺のような一覧画面でのユースケースではコンテンツの下に置くことがほとんどですが、❻のように複数の切り口で見せる場合は、右寄せ、下どちらの選択肢も考えられます。「もっと見る」にできるだけ遷移してほしければ下に配置し、「もっと見る」以外の表示しているコンテンツに直接遷移してほしければ右寄せのほうがお勧めです。

図3　キナリノのiPhoneアプリ

「画面遷移する」か「その場で開く」か

❺のように画面下部に「もっと見る」を置き情報の続きを見る場合、画面を遷移し別の画面で情報を表示するのではなく、画面遷移せずにその場で情報を展開する方法も考えられます。

図4❶のように、検索結果画面などの一覧画面で情報を途中で切っている状態だとします。「もっと見る」をタップして表示された一覧項目(❷)の中から気になったものをタップし次の画面(❸)に遷移して元の画面に戻った場合、❷のように「もっと見る」を開いた状態にしてあげないとユーザビリティが低下します。

しかし筆者の過去の経験上これを実装するコストが高く、諦めたこともあります。また、ユーザーが何度も画面を行き来する操作を繰り返していると、自分がどこにいたのかを見失いかねません。

一方で**図5**のようにページング処理を実行し、画面遷移するようにして

図4 「もっと見る」のその場展開のデメリット

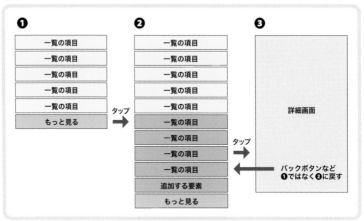

図5 ページングさせることのメリット

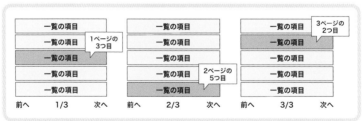

あげると、何の項目がどの辺にあったかをユーザーはうっすらと記憶できます。何か情報を探しているような場面では、その場で展開せずにページを認識しやすくしてあげる方法がお勧めです。

「もっと見る」か「カルーセル」か

主に❶のような複数の切り口をコンパクトに見せるケースでコンテンツが写真など画像の場合、数件見せて「もっと見る」で画面を遷移させるパターンではなく、「カルーセル」を用いることも頭に浮かびます。このカルーセルは縦方向に情報を並べる方法ではなく、**図6**のフードデリバリサービスUber Eatsの「お気に入り」ように横方向に情報を並べ、画面の一部分を横にスライドして隠れた情報にアクセスするUIです。スマートフォンアプリでは多く見られます。

しかし、カルーセルのUIなどを使って、画面遷移をせずにその場で多くのコンテンツを見せる方法がフィットする場面もあれば、多くのコンテン

図6 Uber EatsのiPhoneアプリ

ツをその場では見せず、すぐに「もっと見る」で一覧画面にアクセスしてもらったほうがよい場合もあると筆者は考えます。

快適な閲覧なら「もっと見る」

カルーセルは画面の隠れた場所に情報を配置して続きがあることを示しますが、スワイプして続きを見るユーザーはそれほどいません。また、ユーザーが情報を探している際には、カルーセルよりも普段から使い慣れた縦スクロールで一度に多くの情報を見せてあげたほうが快適に操作もできると考えます。

気軽に情報を横断するには「カルーセル」

その場で横スクロールするカルーセルは、コンパクトでありながら画面遷移せずに多くの情報に気軽にアクセスできることが利点です。「もっと見る」で別の画面にしてしまうと、その次にあるコンテンツを見たい場合も行ったり来たりの画面遷移が発生してしまい多くの切り口の情報を気軽に見るという体験を阻害してしまいます。

―――――――――――――

このように、どのように「もっと見る」を用い、情報をコンパクトに配置し、興味を持ったユーザーにより多くの情報にアクセスしてもらうかだけでも、いろいろな手段が考えられます。どういった体験をユーザーにさせたいか、またユーザーが望むかを考えながら最適なUIを考えましょう。

入力フォームを1画面にする？
分割する？

　サービス開始時のユーザー登録フロー、クチコミやレビューといったユーザー投稿などユーザーに何か情報入力してもらう際、入力してもらう項目が増えて画面が長くなってしまうことがあります。そんな場合、長くなっても分割せずに一画面にする（**図1ⓐ**）のか、それとも画面を分割して複数画面にする（図1ⓑ）のか、その構成がユーザー体験に大きく影響してしまう場合があります。どちらにするべきか悩んだ経験がある方が多いのではないでしょうか。

　今回は事例をもとにどういったときに分割するか・しないかの私の判断軸を紹介します。本稿を読んだあと、みなさんの迷いが少しでも解消しやすくなり、ユーザーにとってスムーズな設計ができるようになればと思っています。

図1　同じ項目で、分割せず一画面にした場合（ⓐ）と、分割して複数画面にした場合（ⓑ）の違い

分割するかしないかの基準

　分割する・しないどちらが良いかは一概には言えず、どういったシチュエーションで何を優先するかが重要です。今回は普段私が意識している3つの基準を紹介します。

コンバージョン重視ならできるだけ分割しない

　ユーザーが入力する項目は少ないほうが最後まで完了（コンバージョン）しやすく、多ければ完了しにくくなります。同様に、完了までの画面数が少なければ完了しやすく、多ければ離脱ポイントが増えるため完了しにくくなります。

　入力を完了することを第一に考えるのであれば、項目数を少なくして画面を一つにすることがまず最善です。

モバイルならスクロールよりタップ移動のほうが行いやすいので分割する

　モバイルでユーザーに文字を入力してもらう場合は、フォーカスを合わせた際にキーボードが画面に出現します。そのうえ、ほかの項目に移動する場合画面を操作してスクロールしないといけないため、画面の広いPCと比べて画面の狭い端末では操作しにくくなります。モバイルではスクロールをさせずに、画面を分割して1画面1アクションにすることが有用です。

　図2は、フードデリバリサービス「Uber Eats」の注文後のレビュー画面で

図2　　Uber Eats（Androidアプリ）の評価画面（一部）

す。お店のサービスについて、お店の料理について、配達員についての3種類のレビューを要求されますが、それぞれ画面を分割しています。スクロールなしで簡単なアクションを繰り返し行って完結できるようになっています。

じっくり編集したり、あとからの更新が多かったりする場合は分割する

図3は、民泊サービス「Vrbo」のホスト向け登録画面です。部屋のロケーションや料金など、入力する項目が多岐に渡ります。すぐに入力できるものもあれば、書類を見ながらでないと入力できない項目や十分考えてからでないと入力できない項目もあるかもしれません。このように項目が多い場合は、情報のカテゴリで画面を分け、何がどこにあるかわかりやすく明記してあげることが重要です。その上で、Vrboの場合は、各画面の入力進捗を左側のチェックボタンとインジケータで可視化しています。

また、あとから更新するものも多い場合、1画面に多くの項目を置いてしまうと何がどこにあるか探しづらい欠点がありますが、分割しておくことで、目的の情報がどこにあるかわかりやすいという利点もあります。

特にB2Bサービスなど会社情報やビジネス情報などでは、こういった場面がよくあるため有用です。

図3 Vrboのホスト情報入力画面

分割しないときの工夫

　画面を分割しない場合で、ユーザーにスムーズに入力を完了してもらうための工夫を2つ紹介します。

チャットUIで受動的に入力を完了させる

　図4はヘルスケアサポートアプリ「FiNC」の初期登録画面です。ユーザーは性別や目標などの入力をする必要がありますが、チャット形式のUIで対話型になっているため、スクロールしてユーザー自身が能動的に入力をしていく必要がありません。次々と聞かれる質問に回答すれば完了するようになっています。画面は分割されていませんが、スクロールをする必要もないため、煩わしい、入力しにくい、と感じることがありません。

　ユーザーに能動的に入力させるのではなく受動的に操作させることで、同じ入力項目でもスムーズに入力をしてもらう体験を作れることも意識しましょう。

図4　　　FiNCの初期登録フロー

入力タイミングを分ける

　あらかじめすべての情報を入力してもらうのではなく、入力タイミングを分けるという工夫も考えられます。たとえば、ユーザー登録の際は、敷居は低くするため必須である最低限の情報にしておき、登録完了後の画面で必須ではない項目の入力を促す方法です。登録前の画面がシンプルになり、画面を分割しなくてもよい項目数に減らすことができます。

　ただし、登録後の入力は項目数を多くするほど著しく入力率が減ることが想定されます。ユーザー情報の項目は少なくてもできるだけ多くのユーザー数から情報をとりたい、ユーザー数は少なくてもできるだけ多くの項目をとりたいといった、優先度を考えたうえで判断が必要です。

分割する場合の2つの方法

　画面を分割する場合、どういった基準で分割するか大きく2つの方法があると考えます。

種類で分ける

　1つは、図3で紹介したVrboの画面のように、入力内容がどういった種類なのかで分ける方法です。しかし、画面を複数に分割すると、どこまで入力したか、入力漏れがないかなどわからなくなってしまうデメリットもあります。このような場合は残りの入力項目数がどの画面でも明記されている、完了している画面がわかりやすいようにチェックが入っている、など入力漏れで離脱するユーザーを防止するため使い勝手を上げておくことをお勧めします。

重要度で分ける

　もう1つは、重要度によって分ける方法です。まず、全員が対象の必須項目を入力させて、任意で限られた人しか入力しないような項目を別の画面に分けることによって、ほとんどの人は項目数が少なく簡単に入力ができます。ビギナーからエキスパートまで使うようなユーザーの習熟度の差が大きいサービスや、長くからサービスが続いていて、初期のユーザーが利用していて消そうにも消せない項目があるようなサービスはこの方法が有効です。

第4章の「異なるユーザー層へのデザイン」（97ページ）でも登場した**図5**の「Instagram」の投稿画面では、コメントをオフにする機能やビジネス向けの機能を詳細設定画面に分けています。目立たない位置に動線があるため、ほとんどのユーザーはこれに意識せず投稿を完了できます[注1]。

図5＿＿ Instagramの投稿画面の詳細設定

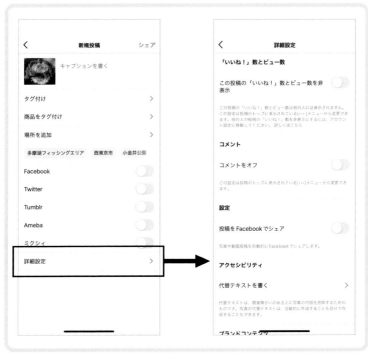

今回は、ユーザーの使いやすさやわかりやすさという観点で、フォーム画面での画面を分割するかしないかについて触れてきました。近年、クチコミなどユーザー投稿においては、情報の量よりも情報の質がますます重要になっていると感じています。そのためには、あらかじめ何の情報を入力してもらうと活用しやすいかをまず考え、画面設計に落とし込むようにしましょう。

注1　この例は入力フォームではありませんが、重要度で分けている良い例だと思ったので取り上げました。

画面単位ではなく、
画面遷移を意識した改善

Webサービスやアプリケーションは、リリースして終わりではありません。リリース後にさまざまな施策を打ち、そのフィードバックを見てさらに改善を行っていく。これはサービス開発の基本とも言えます。しかし、UIデザインの改善をする際に画面単位や機能単位での小さな改修を優先していくと、全体の流れが崩れがちです。

今回は、そういった事態にならないよう私が普段実践している、画面遷移を意識したUI改善の手法について紹介します。

画面単位での改善の落とし穴

小さな改修に目が行くと全体の流れが損なわれると冒頭に書きましたが、一見すると、小さな改修で高い効果が得られる施策を優先することは当然のように感じます。しかし、小さな改善を積み重ねていくと、以下のような課題が出てきます。

- 施策が小粒になってしまい、ユーザーが良くなったと実感してもらえるレベルに達しない
- 改善が部分最適になり、前後の文脈に違和感が出て、改善した箇所以外が改悪になるケースがある

図1はバナーのキャッチコピーの変更による効果改善策で、その後の文脈に違和感が生じてしまった事例です。アプリのインストールを促すキャッチコピーにキャンペーンの紹介を入れることで、クリック数やCTRは増加しました。しかし、インストールしてからキャンペーンに応募できる動線が遠く見つけにくかったり、インストールした人がそもそもキャンペーンの対象者ではないといったことにあとから気が付いたりすると、不快感を覚えます。バナーのクリック数は良くても、その後アンインストールされてしまうと本末転倒です。サービスに対しての不満が広がったり、嫌悪感から既存のユーザーも離れていってしまったりする可能性があります。

図1　　バナーのキャッチコピー改善での良くない事例

　一部の数値は向上しても流れの中で不自然な動きが多くなると、中長期的なリスクにつながる可能性があるのです。

画面遷移を意識した改善の手順

　サービスの改善はUIデザインだけに限った話ではなく、遷移先画面の妥当性、通知の違和感の改善なども含まれます。

体験をストーリー単位で考える

　画面遷移を意識した改善を行う場合、まず、改善しようとしている画面がユーザーにとってどういったストーリーに含まれるか考えます。そして、そのストーリーを頭で考えるだけではなく、はじめに文章で書き出してみるのがお勧めです。実際のサービスの画面を見たり操作したりしながらではなく、そのサービスでできることを想定しながら考えることで、よりユーザー目線に立ちやすくなります。

　具体的には以下のようなイメージです。

❶週末天気が良さそうなので家族でどこかに出かけようと思った
❷アプリを使って日帰りで行ける関東のお出かけ先を調べてみた

❸子どもたちが鳥を見たいというので動物園や公園などに絞って探した

❹いくつか候補を見つけたので家族の意見も聞くためLINEでシェアした

❺行き先を確定したので、当日の天気や開園時間などをチェックし出発時間を決めた

❻当日使えるクーポン券があったので忘れないように保存した

　このように、システム目線ではなくユーザー目線で、各ストーリーが短くなりすぎず長くなりすぎず、1回のアプリ利用で完結できるよう流れを区切ります。短すぎてしまうと画面単位の改善と大して変わらなくなり、長すぎてしまうとフォーカスする改善点がぶれてしまいます。特にいろいろなことができるようなサービスの場合はぶれやすくなります。

すべての画面変化を書き出す

　ストーリーを決めたら、その内容に沿って通過する画面を書き出します。その際に、ダイアログやインジケータなども含めてすべての画面変化を明確にするようにしましょう。画面遷移を意識した改善をすることで、画面単位ではわかりにくい改善点にも気が付くことができます。目に見えやすいUIを細かく改善するよりも、目に見えにくい以下のような課題のほうがインパクトにつながることがよくあります。

❶特定の画面のロードが遅い

❷インジケータが不用意に出る

❸トランジションに違和感がある

❹ストーリー完了までのフローが長い

　図2は、前項で取り上げたストーリーの一部を、キャプチャを撮って画面遷移図にしてみた事例です（空っぽになっている領域に実際はそれぞれのキャプチャが入る想定です）。直前で示したように、ダイアログやインジケータも記載することで、実際に端末で操作している状況をリアルに可視化できます。

　画面遷移図に落とし込む際は、ストーリーに沿ったものだけにしましょう。もし、途中で分岐がある場合は分岐も可視化しますが、ストーリー上不要だと思われるサブ的な機能などの遷移は外してしまいシンプルにしておくこともポイントです。

　UIデザインの改善を行う場合、どうしても画面単位にフォーカスが行きがちになってしまいます。そこで、このように画面遷移図と画面単体のUI

図2 キャプチャを使った画面遷移事例

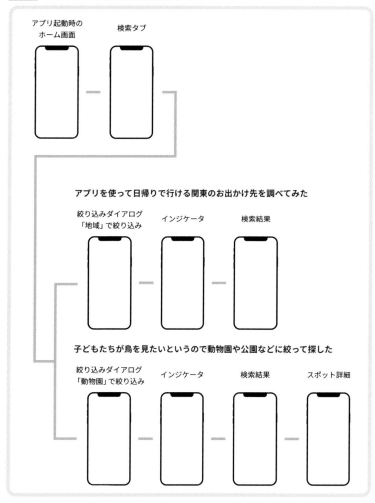

を両方見ることができる状態を作ります。こうすることによって、常に行き来をしながら改善を行えるため、部分最適が行われにくくなります。また、前後の画面も合わせて改善できるため、よりインパクトのある改善にもつながりやすくなります。

「課題」と「解決案」を記載する

画面遷移に書き出せたら、改善したい箇所に「ここに違和感がある」と「ここをこう改善したい」と明記します。その際、「課題」（issue）と「解決案」

(suggestion)を混同しないように記載することがポイントです(**図3**)。

　1つの課題に対して複数の解決案が思い付くこともあれば、解決案が思いつかないこともあります。また、解決方法が難しく実装に時間がかかる場合、別の案を考えなければいけないかもしれません。しかし、課題が変わるわけではありません。これらをちゃんと整理するため、2つを分けておくことが大切なのです。

　実際に課題を書いてみると、特定の画面内で見たときは重要だと思っていたものが隣の画面にもっと大きな課題があったり、同じ課題が複数箇所で見つかったりと、ほかの画面の課題とも比較できるようになります。そうすることで、より幅広く改善の優先順位を付けたり、効率的にまとめて改善できる課題を見つけたりすることもできるようになるのです。

図3　　画面遷移に課題と解決案を記載した事例

　今回は、画面遷移を意識したUI改善を行う手法を紹介しました。画面単位ではなく画面遷移を意識することで前後の文脈にも目を通しやすくなります。「どうも施策のレベルが小さくなっている」「もっとインパクトのある改善をしっかり行いたい」「小さな改善を繰り返した結果ちぐはぐなデザインになっている」といった課題を持っている方は少なくないと思います。今回紹介した方法は簡単に実践できると思うので、ぜひご自身のサービスで試してみてください。

6

コミュニケーションと
ツール

エンジニアに意識してほしいこと

　私がサービス開発を続ける楽しさの一つに、エンジニアとの協業があります。デザイナーがどんなに良いデザインを作ったとしても、最終的にそれをユーザーに届けるのはエンジニアです。動く形のアプリケーションをユーザーに届けられるエンジニアという職業にリスペクトやあこがれがあります。

　しかし、デザイナー同様、エンジニアもさまざまです。必ずしもUIデザインへの感度が高い人ばかりではありません。そのためUIの実装には、デザイナーとエンジニアお互いの歩み寄りが必要です。そこで今回は、UIの実装において起こったエンジニアとのコミュニケーションの齟齬や最近私が感じた課題をもとに、デザイナーである私の視点からエンジニアに意識してほしいと思ったことを書きます。

実装の認識合わせ

　デザイナーが考える理想のデザインを作っても、実装の都合でデザインを作りなおすことも当然あります。理想を作ったうえで、優先度を定め譲歩し合うこと自体は当然のことだと思います。しかし、どういった実装方法を選択するかがデザインに影響を与えたり、プロセスに無駄を生んだりする可能性もあるため、事前のコミュニケーションが欠かせません。

実装方法を知りたい

　スマートフォンアプリを例に挙げても、ネイティブで実装するだけではなく、React Native[注1]、Flutter[注2]を利用するなど選択肢も増えています。どういった実装方法にするかは、エンジニアにとってだけではなくデザイナーがデザインをするうえでも影響がある場合があります。そのため、早い段

注1　https://reactnative.dev/

注2　https://flutter.dev/

階で以下のような方向性の意識合わせをしたいと思っています。

- **開発するアプリケーションはiOS/Androidどちらのユーザーと親和性が高く、どちらを先に実装するか**
  - 最初にiOS/Androidのうち片方でデザインする
- **ネイティブで作る場合**
  - iOS/Androidそれぞれのプラットフォームのガイドラインを意識したデザインをする
- **React Native/Flutterなどを使う場合**
  - iOS/Androidそれぞれのプラットフォームの標準的な表現ができず制限されることがある
  - 基本的なデザインは両プラットフォーム同じ操作感で作る

　私の経験では、React Nativeなどを用いると表現が制限されることが何度かありました。そのプロジェクトで実現したい、肝となる体験やUIが制限を受けずちゃんと実現できるか、デザイナーを交えて事前にデザインの観点でちゃんと確認しておく必要があると思っています。

デザインに制限がかかるライブラリを利用するかを知りたい

　ライブラリを使うことで、自由にデザインできる範囲に制限が生まれることがあります。

　たとえば、私の経験ではグラフ（**図1**）やダッシュボード（**図2**）などは、よくライブラリを使って実装されています。そのため、あらかじめライブラ

図1　　グラフのライブラリ「Recharts」(http://recharts.org/)

図2　ダッシュボード用のフレームワーク「ngx-admin」(https://github.com/akveo/ngx-admin)

リを教えてもらい、どの程度デザインをカスタマイズできるかをデザイナーが理解しておくことが大切です。

　できればライブラリを選定する際に、技術面だけではなく、作ろうとしているものに体裁がフィットしているかのデザイン面も判断しましょう。

負荷による制限を教えてほしい

　デザイナーは実現しようとしているUIが当然サクサク動くものであることを前提にデザインしていて、負荷などの考慮はしていません。ユーザーにとって使い勝手が良くどんどん使われるようになるものを目指していますが、実現が難しいケースもあると思います。

　図3は、検索結果などの一覧情報を絞り込むUIの事例です。検索結果画面でリアルタイムにその場で絞り込めるUI（ⓐ）と、絞り込み画面に遷移して「絞り込む」ボタンを押して反映するUI（ⓑ）の違いです。ⓑの場合はユーザーにとって画面遷移が増えてしまいます。ⓐの場合その場ですぐに結果を見ることができますが、私の過去の経験では高負荷になってしまうという理由で実現するのが難しかったことがあります。

　負荷の考慮が必要な場合は、事前にディスカッションして方向性を検討すべきだと思います。

図3 その場で絞り込めるUIと絞り込み画面を使ったUI

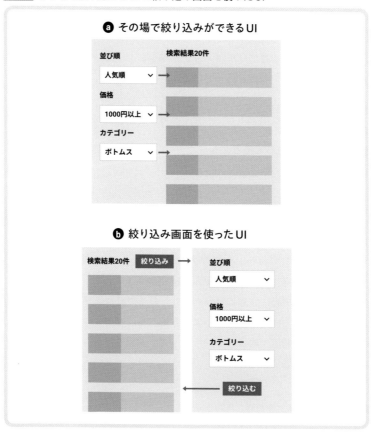

デザイナーのこだわりとの付き合い

　デザイナーはエンジニア同様にこだわりが強く、人によってそのポイントもさまざまだと思っています。いつも同じメンバーで仕事を進めている場合はそれらを理解し合っていますが、そうでないケースも多々あります。そこで、デザイナーとしてこだわりを持っているポイントを2つ取り上げます。

再現の精度を上げてほしい

　デザイナーが、見た目の美しさに妥協を許さないこだわりを持っているのは当然です。事前にデザインツールで作ったデザインがちゃんと実装時

に反映されているかにこだわります。

　実装時に、色など基本的な印象は、それっぽくなるところまではエンジニアに任せていても実現できていることがほとんどです。しかし私の経験では、以下のような要素はデザインデータをエンジニアに渡しただけでは実現しにくいポイントだと思っています。

❶そろえや余白を意識する
❷フォントを確認する
❸文字のサイズを正確にそろえる
❹行間を適切にあける

　図4は、上記の❶～❸がデザイナーの作ったデザインと細部が異なる事例です。❹はボタンに対してテキストが中央にそろえられている一方、❺は全体的には右側にずれて表示されています。また、「123件」という文字が、少し上にずれている、数字のフォントが異なっているというように、少しずつ誤差が発生してデザインの完成度が落ちてしまっています。レイアウトについて重要な注意点は、ピクセル単位で細かくデザインを合わせようとせず、そろえやズレがないよう意識することです。デザイナーのデザインデータを数値で再現する前にそろえを意識すると、デザインの精度が上がるように思います。

図4　　デザイン時と実装時とで起こりがちなデザインのズレ

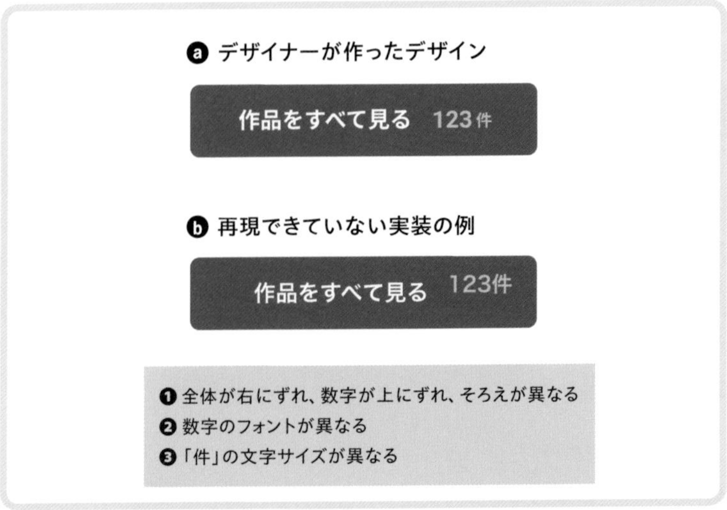

❹ デザイナーが作ったデザイン

作品をすべて見る　123件

❺ 再現できていない実装の例

作品をすべて見る　123件

❶ 全体が右にずれ、数字が上にずれ、そろえが異なる
❷ 数字のフォントが異なる
❸ 「件」の文字サイズが異なる

リッチな表現や細やかな表現を行いたい

スマートフォンアプリの開発などでは、デザイナーはリッチな表現や細かい挙動に気を遣いがちです。デザイナー向け作品投稿サービスDribbble（**図5**）では、細部にこだわった格好良いUIが投稿されています。こういったデザインに触発され、実装のことなど考えず非現実的な提案になってしまうこともあります。

デザイナーが軽い気持ちで作った細やかな表現に、実は多くの実装時間を費やしていた。なんてことも起こりがちです。そうならないように、実装が難しい表現については、事前にその効果と実装コストのすり合わせをしておくことがお勧めです。そのためには、デザイナー自身も実装コストに対する意識を持つことも必要です。

図5 Dribbbleでのリッチな表現の参考例 (https://dribbble.com/)

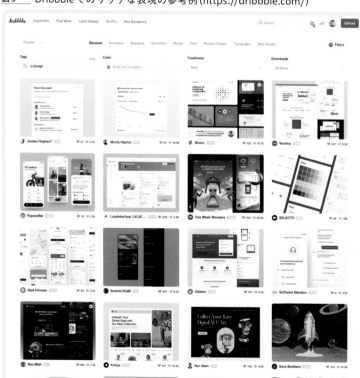

Webサイト制作は、デザイナーがHTMLやCSSを使ってコーディングするケースも昔は多かったです。私も行っていました。しかし最近では、各開発フェーズでより専門性が求められ、コーディングは専門のエンジニアが行うことがほとんどです。そのため、サービスのクオリティはどんどん高いものになっている一方、デザイナーがコーディングなどの技術面に触れる機会が減ったことで齟齬も起こりやすくなっているようにも思います。

　今回「エンジニアに意識してほしいこと」と題してデザイナーの視点から一方的に書きましたが、エンジニアとデザイナーそれぞれが思ったことを言い合える環境を作ることがとても大切です。

6

コミュニケーションとツール

初期リリースにおける
理想像とのずれをどうするか

　サービス開発が一通り終わったあとの理想の状態をデザイナーがプロトタイピングし、完成イメージを共有することは重要です。チームの士気も上がり、開発もドライブしやすくなると考えています。しかし、理想状態まで作り上げてリリースすることはほとんどなく、まずは最低限の機能が備わった状態でリリース（ミニマムリリース）することが多いと思います。

　「目標はこうありたいよね」という未来のサービス像（理想状態）と、「こういう状態でリリースしよう」という初期のサービス像（ミニマム状態）、この2つの視点は分けて考えておかなければいけません（図1）。今回は、この2つの視点の混在によってギャップが起きやすいポイントやその対処法について、私が普段意識している点を書いていきます。

図1　　検討開始から理想状態でのリリースまでの流れ

考えておかなければいけない観点

　ミニマム状態を意識したUIデザインを考えるうえでは、以下の2つの観点を考えておかなければいけません。

情報がどれくらい充実するか

　特にECサイトやメディアサイトなどでは、初期の情報量と理想状態の情報量でギャップが生じることがよくあります。たとえば以下のような例です。

- 理想状態は1,000商品を取り扱うECサイトを作りたいが、ミニマム状態では10商品しかない

- 理想状態は毎日5記事更新、全部で1,500記事があるようなメディアサイトを作りたいが、ミニマム状態は週に1記事更新でリリース時は50記事しかストックがない
- 理想状態は10,000人が集まるクチコミサイトを作りたいが、ミニマム状態ではチームメンバーのクチコミ投稿だけになる

　私の経験では、サービスのUIデザインを依頼される際に、依頼主は理想状態を前提とした内容をイメージしている傾向にあります。そのため、次のどちらであるかを明確にしてプロジェクトを始めるようにしています。

- 理想状態になるのを待ってリリースするのか
- 理想にはほど遠いミニマム状態でなるべく早くリリースして価値検証するか

　私としてはミニマムリリースすることを普段からお勧めしているため、初期リリースを想定してデザインすることが多くあります。ただし理想状態もイメージしたい場合は、2つの案を同時に作るようにしています。

　当然、どのようなUIデザインがユーザーにとって良いかは、どのくらいの情報量か、どういう機能が必要かを想定しながら考えなければいけません。そのため、理想状態でのデザインとミニマム状態のデザインでは別のものになる場合がほとんどです。それぞれにとって最適なUIデザインをちゃんと考えておく必要があるのです。

ミニマム状態から理想状態まで継続して開発できる体制

　もう1点、ミニマム状態から理想状態にサービスを成長させるための、継続したデザインや開発ができるかも気を付けなければいけません。

　継続した開発ができない場合、できる限り多くの要件をはじめから盛り込んでしまいがちです。リリース後デザインの変更なども行いにくいため、理想状態に最適化したデザインを作った結果、リリース時に使い勝手の悪いサービスになってしまうのです。そのため、一度リリースするまでの短期的な開発プロジェクトではなく、継続的に開発を続けていくためのプロジェクトを前提とする必要があります。ミニマム状態からまずリリースし、理想状態を目指していく体制を作っておくことが大切なのです。

意識すべきデザインのポイント

　このような理想状態とミニマム状態とのデザインのギャップをなくすためには、いくつかのデザインのポイントを押さえておかなければいけません。特に先に紹介した情報量がどれくらいかは、UIデザインに大きく影響します。実際にどのような違いがあるか事例をもとに説明します。

選択肢を絞った検索体験を提供する

　ユーザーが必要とする情報を能動的に探すことのできるフリーワード検索は、サービスにあって当たり前のようにとらえられがちな機能の一つです。しかし、情報量が多くないサービスでは、フリーワード検索は不要だと考えています。それは、ユーザーが自由に検索しても、ミニマム状態では満足のいく結果を返すことができないためです。私は過去の経験上、フリーワード検索が有効に機能するには、検索対象になる情報が1,000以上は最低限必要だと考えます。

　そのためミニマム状態でのリリース時は、**図2ⓐ**のようなフリーワード検索ではなく、図2ⓑのようにあらかじめサービス提供者側からタグやカテゴリなどを用意し誘導することをお勧めします。自由な単語で検索はできませんが、ユーザーにとって期待外れな状況も防ぎつつ情報を絞り込む役割をしてくれるのです。

　商品一覧などでさらに情報を絞り込んで商品を探せるようにする機能を作る場合、**図3ⓐ**のような絞り込み機能ではなく、先に図3ⓑのような並び替えの機能を作ったほうが有用です。

　絞り込み機能では選んだ条件だけが表示されてしまうため、対象の情報が少ないと絞り込んだ結果がゼロになってしまうこともあります。期待する候補が出ない場合、ユーザーは何度もやりなおしをしなければいけません。

　並び替え機能では表示される要素の件数は変わらず優先順位を変えるだけになるため、ユーザーが望む条件から少し離れた情報も表示してあげることができます。

図2 フリーワード検索とタグ

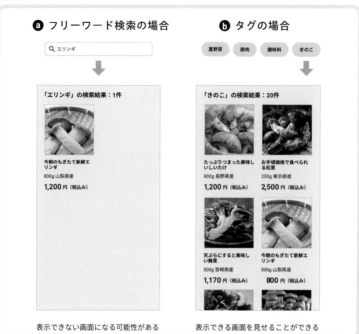

ⓐ フリーワード検索の場合

ⓑ タグの場合

表示できない画面になる可能性がある

表示できる画面を見せることができる

図3 絞り込みと並び替え

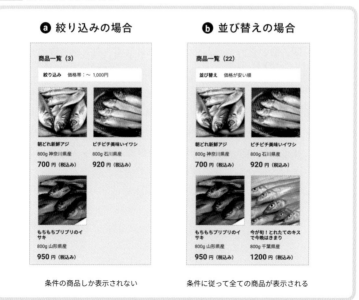

ⓐ 絞り込みの場合

ⓑ 並び替えの場合

条件の商品しか表示されない

条件に従って全ての商品が表示される

情報を自動ではなく手動で選んで表示する

　また、トップページなどの構成にも注意が必要です。全体の情報量が少ない状態で**図4 ⓐ**のように新着順や人気順など自動的に情報を並べると、同じものが重複して表示される可能性があります。かといって変化のある情報を載せないと、いつ訪れても代わり映えしなくなってしまい、ユーザーにとっていまいちな画面になってしまいます。

　そのような場合は、図4 ⓑのように自動で表示する情報を減らし、サービス運営者側がユーザーにお勧めできる情報を手動で選んで表示するのがお勧めです。人手はかかってしまいますが、情報が充実するまでは編集力でカバーし、少ない情報でもできるだけ価値のある情報を提示してあげるようにしましょう。

図4　　自動表示と手動表示の違い

ⓐ 自動で表示した場合

システムに委ねると重複した
コンテンツが表示されてしまいやすい

ⓑ 手動で選んだ場合

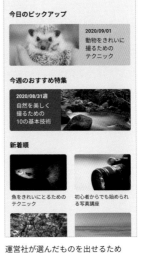

運営社が選んだものを出せるため
重複したコンテンツは表示されない

件数の多さではなく、一つ一つの情報の密度を高める

　情報の量によって最適なUIデザインが変わることをここまでで書きましたが、ここでもう一つ例を紹介します。**図5 ⓐ**は、1画面に6記事ほど見せ

ることを想定した記事一覧です。一覧で1画面あたりの件数をできるだけ多くするデザインを考えていても、リリース時に記事が十分にない場合は、図5❺のようにスカスカな状態になってしまいます。

　十分な記事の量がない場合、図5❻のようにそれぞれの項目で表示される情報の要素を増やし、1画面あたりの件数を少なくします。そのほうが使い勝手の良いUIデザインにできるのです。

図5　　商品一覧画面

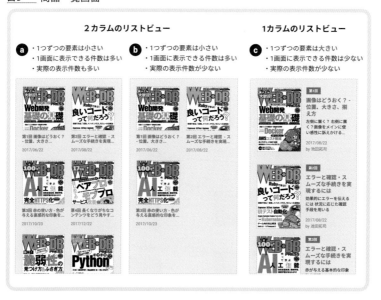

　今回は、サービスのミニマム状態と理想状態によってUIデザインにどのようなギャップが生まれるか、またそれぞれの状況でどのように最適化していくかについて触れました。

　「こういったサービスを作りたい」「こんな価値をユーザーに届けたい」というサービスに対しての思いに基づいてデザインを考えていくことも大切です。しかし、ちゃんと機能するものをユーザーに提供するためには、理想だけではなく具体的にサービスの状態を把握したうえで、最善のデザインは何かを考えなければいけないのです。

「○○っぽいデザイン」のエッセンス

　デザイナーなら、デザインの依頼時に「○○っぽいデザインでお願いします」という話をされたことがある方は少なくないと思います。模倣[注1]を指示されているようにとらえて「ムッ」とする方もいるかもしれませんし、逆にイメージが湧いて進めやすいととらえる方もいると思います。

　当然何も考えずにまねてしまうと模倣になってしまい良くありません。しかし「○○っぽさ」が何なのかしっかりと考え、それが対象となるサービスに最適なデザインなのかを考える機会を持つことは大切です。自分のデザイン力を高めるきっかけにもなると思っています。

　今回はこの「○○っぽさ」が何なのかを考えて、そこからエッセンスを引き出す方法について考えます。

「○○っぽさ」の3つの観点

　「○○っぽい」とは何のことを指しているのかを考える場合、私の経験では次の3つのパターンが思いつきます。

❶UIデザインを指すパターン

　目で見ることができる、操作できる、UIデザインを指すパターンです。具体的には以下のような例です。

- ❷画面全体のベースカラーが「ベージュ」で、アクセントカラーに「緑」を用いている
- ❸一覧画面のデザインが格子状にびっしりと並んでいる
- ❹ホーム画面の上部に大きなバナーを使った導線があり、画面下部は最新情報がリスト形式に並んでいる

　このように、UIデザインの色味やレイアウトなど視覚的な情報のため、

注1　本稿での「模倣」は、意図を理解せずにまねるというネガティブな行為を指しています。

見た目からすぐに伝わります。そのため、「〇〇っぽさ」をちゃんと理解しないと、一番模倣になりやすいパターンでもあります。

❶であれば「ベージュ」と「緑」そのものをではなくて、「ナチュラルな色使い」というエッセンスを指していることもあります。また、❷であれば「格子状」という並べ方そのものではなく、「情報密度が高い状態」というエッセンスであるだけかもしれません。このようにそこに含まれるエッセンスが何なのかをコミュニケーションなどを通して引き出すことが大切です。

❷体験そのものを指すパターン

具体的なUIデザインではなく、抽象的な体験そのものを指すパターンです。具体的には以下のような例です。

❶ボタンを押したときのフィードバックや画面のロードタイムがとても早い
❷気が付いたらそのサービスをずっと使っていた
❸買いたいものがすぐに見つかった

❶とは違って視覚的にはわかりにくいため、その体験や現象が何によって引き起こされているのかを深掘りして考えるようにしましょう。❶の場合は具体的な実装方法を指すこともありますし、❷は導線設計やサービスに使われているコンテンツそのものかもしれません。そのため、「〇〇っぽさ」を実現するために必要なことが、UIデザインだけではない可能性もあります。

❸利用者の傾向を指すパターン

たとえば、ITリテラシーが低い方を対象としたサービスを作ろうとする場合、対象ユーザーはいろいろなサービスやアプリを普段から積極的には利用していないことが想像できます。そのため、利用しているサービスも限定されます。

その場合、対象ユーザーの傾向を意識し、使いやすくわかりやすいデザインにするため、普段よく使っているサービスやアプリのエッセンスを直接引き出すパターンです。スマートフォンでメールしか使っていないようなユーザーには「メーラーを意識したデザイン」、仕事でExcelしか使っていないようなユーザーには「Excelを意識したデザイン」などダイレクトにエッセンスを引き出す必要があります。アイコンや使われている文言なども含めて、できるだけ同じ意味を指すものは同じにすることが有用です。

具体的な活用事例

では、上記で紹介した「❶UIデザインを指すパターン」での具体的な例を考えてみます。今回は「日本の絶景スポットを紹介するサービス」のデザインを、「写真共有サービスPinterest^{注2}のような一覧画面のデザインにしたい」（**図1**）と伝えられたとします。その場合、どんなエッセンスを引き出してデザインするか考えてみます。

図1 写真共有サービス Pinterest の iPhone アプリ

UIデザインのエッセンスを引き出す

Pinterestの一覧画面からエッセンスをピックアップすると、以下のようなものが挙げられます。エッセンスを考えるときはできるだけ細かくいろいろな角度からとらえることが大切です。

ⓐ情報が2カラムに配置されている
ⓑ写真がレンガ状に互い違いに並んでいる
ⓒ写真とラベルだけで情報の要素が少ない
ⓓ余白が最小限で、少ないスクロールで数多くの情報を見ることができる

注2　https://www.pinterest.com/

175

対象サービスに適したエッセンスを考える

対象とする日本の絶景スポットのデザインは、もともと**図2 ⓐ**でした。**ⓑⓒⓓ**は、前項で挙げたエッセンスをもとにして作ったデザイン案です。それぞれのデザインの特徴は以下のとおりです。

ⓑ情報を2カラムに配置されるように変更した例
各項目がグリッド状に配置されていてコンテンツに目線を合わせやすい

ⓒ上記ⓑに加え写真の良さを引き出すためそれぞれオリジナルの縦横比にした例
情報がレンガ状になり、目の行き来が多く情報の要素も多いため、散漫な印象がある

ⓓ一覧での情報量を減らした例
少ない情報でレンガ状に配置されているため、探索的な体験を提供できる

どれもPinterestのUIのエッセンスを引き出したデザインになっていますが、それぞれには一長一短があります。検索のようにユーザーが各項目を比較しながら選ぶような体験では、情報が整理された**ⓑ**が見やすいと思います。一方雑誌のように探索するような体験としては、**ⓓ**が向いています。また、写真だけではなくてその土地の歴史や概要を説明することが目的のサービスでは、**ⓓ**のように一覧画面に情報がないよりも**ⓒ**のように情報量が多いほうが遷移後のイメージが湧きやすくなります。

このように、何が重要な要素でどういった体験を提供するサービスかによって、適したエッセンスは異なります。何も考えずに見た目だけで判断すると、**ⓓ**が一番Pinterestっぽいかもしれません。しかし、それが提供すべきサービスや対象の画面の意図に合っているかはわかりません。それを必然的なものにするためには、エッセンスを分解したうえで実際に作って検証することが大切です。

今回は「〇〇っぽいデザイン」というテーマで、既存のサービスからのエッセンスを抽出する方法について書きました。当然ほかのサービスを模倣することは良くありません。しかし、普段自分がよく使うアプリやサービスのデザインの特徴が何なのか、そして、なぜそのデザインにしたかの意図を考察することで、デザインに関する思考が深まり良いデザインを生み出すことができるようになるのです。

6

コミュニケーションとツール

図2　日本の絶景スポット画面のUIデザインパターン

ⓐ もともとのデザイン

日本の絶景スポット

山口県
福徳稲荷神社
★ ★ ★ ★ ☆ 4.50
山口県下関市。朱色の大鳥居が目印の神社。高台からは沖合の島々を見渡すことができる。

佐賀県
大浦の棚田
★ ★ ★ ★ ☆ 4.29
佐賀県唐津市。平成11年7月に「日本棚田百選」に選ばれた大浦の棚田は、3集落にわたっている。

和歌山県
桑ノ木の滝
★ ★ ★ ★ ☆ 4.15
和歌山県新宮市。高田川支流にあり、ヤマグワが自生していたため桑の木谷という名称になった。

長崎県
九十九島
★ ★ ★ ☆ ☆ 3.91
長崎県佐世保市。平戸市にかけて北松浦半島西岸に連なっているリアス

ⓑ 2カラム

日本の絶景スポット

山口県
福徳稲荷神社
★ ★ ★ ★ ☆ 4.50
山口県下関市。朱色の大鳥居が目印の神社。高台からは沖合の島々を見渡すことができる。

佐賀県
大浦の棚田
★ ★ ★ ★ ☆ 4.29
佐賀県唐津市。平成11年7月に「日本棚田百選」に選ばれた大浦の棚田は、3集落にわたっている。

和歌山県
桑ノ木の滝
★ ★ ★ ★ ☆ 4.15
和歌山県新宮市。高田川支流にあり、ヤマグワが自生していたため桑の木谷という名称になった。

長崎県
九十九島
★ ★ ★ ☆ ☆ 3.91
長崎県佐世保市。平戸市にかけて北松浦半島西岸に連なっているリアス式海岸の島々。

ⓒ 2カラムにしてオリジナルの縦横比

日本の絶景スポット

山口県 福徳稲荷神社
★ 4.29
山口県下関市。朱色の大鳥居が目印の神社。高台からは沖合の島々を見渡すことができる。

和歌山県 桑ノ木の滝
★ 4.29
和歌山県新宮市。高田川支流にあり、ヤマグワが自生していたため桑の木谷という名称になった。

佐賀県 大浦の棚田
★ 4.29
佐賀県唐津市。平成11年7月に「日本棚田百選」に選ばれた大浦の棚田は、3集落にわたっている。

長崎県 九十九島
★ 4.29
長崎県佐世保市。平戸市にかけて北松浦半島西岸に連なっているリアス式海岸の島々。

ⓓ 2カラムにして情報量を削減

日本の絶景スポット

山口県 福徳稲荷神社
★ 4.29

和歌山県 桑ノ木の滝
★ 4.29

京都府 清水寺三重塔
★ 4.29

佐賀県 大浦の棚田
★ 4.29

長崎県 九十九島
★ 4.29

高知県 安居渓谷
★ 4.29

デザインシステムで、使い勝手・デザイン・コードに統一感を持たせる

　サービスを立ち上げ継続的に開発していくには、デザインの一貫性を保つこと、統一した視覚表現で作ることが大切です。しかし、デザイナーやエンジニアなど開発者が増えていくと、それぞれが都合の良いように解釈したり、初期メンバーに属人化したりしがちなため、スケールしながら実現していくことはとても難しいものです。

　そんな問題が起きないように、デザインシステムを構築するサービスが増えています。今回は、デザインシステムがどのようなものか、実際のサービスでどのように利用されてどのような効果を発揮しているかについて事例をもとに触れていきます。「デザインシステムという単語をなんとなく聞いたことがあるけど、どのように考えればよいかわからない」「何から始めればよいかわからない」──そう思われている方も多いかもしれません。そんな人の足がかりになればと思います。

デザインシステムとはどういうものか

　デザインシステムとは、サービスを一貫したルールで提供するための開発のしくみを指します。しかし、デザインシステムの意味やとらえ方は人それぞれで、単語が先行しているようにも見受けられます。まずは、それがどういうものかを私なりに簡潔に解説します。

構築メリット

　デザインシステムを構築するメリットは、以下の4つが挙げられます。

- 一貫した使い勝手をユーザーに提供できる
- 統一した視覚表現で魅力的な世界観を表現できる
- 提供しているサービスの思想や価値観の認識を開発者間で合わせられる
- スタイルやコンポーネント単位でソースコードを共通化し開発を効率化できる

まだサービスが試行錯誤の段階である場合や開発者が少なく機動的な動きが求められる状況では、デザインシステムの構築にコストを払うのは時期が早いとも言えます。しかし、サービスのスケールは初期段階から滑らかに起こっていくものです。今は時期ではないと思っていると、あとからでは対応するのが困難になりかねません。早い段階から、上記のメリットを意識しておくことが重要です。

含まれる要素

　デザインシステムは「デザインガイドライン」や「UIコンポーネントのパターンライブラリ」などを直接指すものではなく、これらのさまざまな要素が含まれた集合体であると思ってください。各要素についての具体的な説明は割愛しますが、以下のようなものが含まれます。どの要素を含めるかは提供しているサービスによって異なってきます。構築メリットに挙げたようなことを実現するために何が必要かを考えましょう。

- **デザインガイドライン**
- **UIコンポーネントのパターンライブラリ**
- **スタイルガイド**
- **アイコンやフォントなどのリソース**
- **CSSフレームワーク**
- **React Components**

エンジニアとデザイナーの役割分担

　含まれる要素の例として挙げたように、デザインシステムにはCSSフレームワークやReact Componentsなどエンジニアの実装領域まで要素として含まれています。たとえば、デザインガイドラインを文章として書き記すだけであれば、デザイナーだけで作れるかもしれません。しかし、ちゃんとエンジニアと共有されているか、それが実装レベルまで反映されているかがデザインシステムの浸透に大きく影響します。逆にReact Componentsにした要素も、デザインの変更がちゃんと反映されるように運用するためにはデザイナーの目も必要です。そのためデザイナーだけエンジニアだけではなく両者でちゃんと構築することが重要です。

具体的な実践事例

　では、デザインシステムには具体的にどのようなものがあるのか、いくつか身近な例を紹介していきます。

Googleの事例

　最も身近な事例は、Google の「Material Design」[注1] です。Material Design は、本書でもたびたび引用しているデザインシステムです。Google 自身が自社のサービスを提供するために用いている（**図1ⓐ**）だけではなく、自身がプラットフォームとして運営する Android 向けには、スマートフォンアプリを提供するさまざまな企業の利用も推奨（図1ⓑ）しています。Android アプリを開発するエンジニアやデザイナーは必ず一度は目を通しているはずです。

　各社が Material Design に沿ってデザインすることで、アプリごとではなくスマートフォン全体で一貫した使い方をユーザーはできるのです。また、Material Design はデザインガイドラインとしてだけではなく、アイコンやフォントなどのリソースも提供されているほか、エンジニア向けにサンプルコードの提供なども行っています。これを利用すれば、Material Design で定められたコンポーネントを実装できます。

注1　https://material.io/

図1 Material Design が適用された Android アプリ

ⓐ Google が提供するアプリ

Google Photos　　　Google Map　　　Gmail

ⓑ Google 以外のアプリ

Soundcloud　　　Untappd　　　Uber

デザインシステムで、使い勝手・デザイン・コードに統一感を持たせる

GitHubの事例

エンジニアの身近なサービスという点で、GitHub のデザインシステム「Primer」[注2] を紹介します。GitHub の Web サービスとスマートフォンアプリは、どの画面を見ても使い勝手や視覚的な表現に統一感があることが実感できると思います。

Primer のグローバルヘッダには「Design（**図2 ⓐ**）」「Build（図2 ⓑ）」という2つのメニュー群があります。デザインシステムを作る際、デザイナーとエンジニアそれぞれがどういう要素を作ればよいか、参考になります。

特に見てほしい点は、Design の「Interface guidelines」には「Button usage」[注3] があり、Build の React/CSS には「Button(s)」というページがあることです。両方ともボタンについてのページです。前者はデザイン観点で、複数あるボタンの使い分けや、やってはいけないパターンの紹介などについて記載しています（**図3 ⓐ**）。もう一方、React/CSS の「Button(s)」[注4] には、Interface guidelines に記載されたボタンのパターンをコードでどのように表示させるかの方法が書かれています（図3 ⓑ）。前者だけだとデザインガイドライン、後者だけだとコードを書くためのフレームワークに過ぎず、

注2　https://primer.style/
注3　https://primer.style/design/ui-patterns/button-usage
注4　https://primer.style/react/Button
　　　https://primer.style/css/components/buttons

図2　GitHub のデザインシステム「Primer」

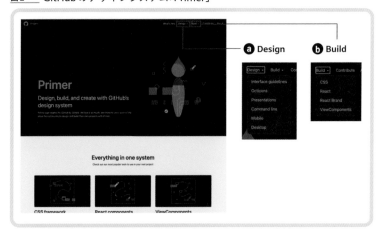

図3 Interface guidelines の Button usage ページと React 用の Button ページ

ⓐ Interface guidelines の Button usage ページ

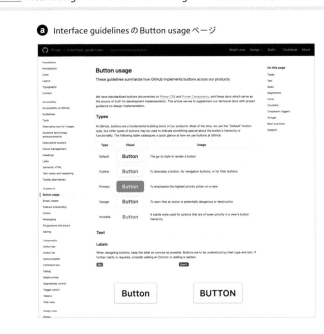

ⓑ React の Button ページ

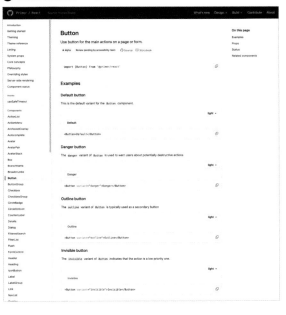

デザインをちゃんとしくみ化して運営するのが困難です。これらの両面が
ちゃんと一つの考え方やしくみによって作られているからこそ、デザイン
システムとして機能すると考えます。

―――――――――――――

　今回は、デザインシステムについてデザイナーとエンジニア双方の必要
性について触れました。サービス開発は提供して終わりではなく、継続し
て行うものです。デザインシステムはその助けになると実感していますが、
一度作って終わりではないのはデザインシステムも同じです。デザインシ
ステム自体のアップデートをどうするか、それがレガシーになっていない
か、構築する場合にはレガシーにならないためにどう運用していくかも重
要です。

UIデザインのための
Google アナリティクス

　ユーザーにとってわかりやすく使いやすいデザインを作るためには、どのように使われているか、サービス内でのユーザーの行動の把握は不可欠です。そのため、数値検証をしながらデザインを決定していくプロセスを経ることもあります。たとえば、Google アナリティクスは多くのサービスで導入されていて、タップ数やダウンロード数などのイベントも計測できます。

　今回は、より効果のあるデザインを作るために、私が普段よく行っている数値を取得した検証方法を紹介します。なお、紹介する Google アナリティクスの導入方法や画面の説明などは、紙幅の都合上割愛します[1]。

　またの最新版である Google アナリティクス 4 が発表されており、2023年7月1日にはそれ以前の Google アナリティクスは利用できなくなるとアナウンスされています。本稿の画面キャプチャはそれ以前のイメージで作られています。基本的な考えは変わりませんが、Google アナリティクス 4 ではさまざまなイベントの数字をこれまでのように簡単には表示できなくなっています。そのため、これから紹介する内容については、Google アナリティクス以外の手段も視野に入れ、独自で数字をキャッチアップするなどの検討も必要に感じます。

▌見ておきたいユーザーデータ

　ユーザーインタビューやユーザー調査は、個々のユーザーの嗜好{しこう}や行動について深くインプットするために効果的ですが、Google アナリティクスなどを用いて広範囲でざっくりとしたサービスの利用状況を得ることもまた効果的です。まず、必ず一度は目を通しておくべきいくつかの項目を紹介します。

・**スマートフォン、タブレット、PC の内訳**
　どの種類のデバイスでアクセスしているかを把握できる。スマートフォンファー

注1　詳細は Google の「アナリティクス ヘルプ」を参照してください。
　　　https://support.google.com/analytics/?hl=ja#topic=9143232

ストなサービスが増えているなか、ちゃんと実態を数値で理解することで、どのデバイスに力を入れるべきか身を持って感じておく

- **画面解像度**
  使われているデバイスの画面サイズを把握できる。開発者は最新のスマーフォンでサービスを使っていることがほとんどだが、ユーザーはそうとも限らない。できる限り利用者が多い解像度でデザインを確認する

- **集客概要、参照サイト**
  どこからユーザーが訪れているかを把握できる。Webサービスの場合、検索経由かSNS経由か直接かアクセス元を知ることで、何の目的で訪れているかわかりやすくなる。集客元によってはユーザーのリテラシーなども想像できるかもしれない

- **行動概要**
  どのページが見られているか把握できる。自分たちが思っているようにはユーザーが使っていないケースもよくある。たとえばWebサイトのトップページが一番多く見られていると思い、時間をかけてデザインしたくなる。しかし、実際はトップよりもほかのページのほうが多く見られていることもあるため、多く見られている画面を把握し改善を行う優先順位の参考にする

タップ数を計測して仮説検証をする

　Googleアナリティクスでは、イベントトラッキングを使うことでタップ数などを計測できます。計測する場合、何のために計測するのか、どういった仮説があるのかを、あらかじめ明確にしておくことが大切です。タップ数は取れるようになっても調べたいことが検証できず、改善に活用できないようでは本末転倒です。

　今回は架空の書籍販売サイトのトップページを想定した例（**図1**）をもとに、普段私がやっている手順を紹介します。

どういう仮説があって何を検証するか

　仮に図1のデザインをこれからリリースし、タップ数をもとに改善すること考えると、以下の3つのような仮説が考えられます。

❶**画面上部のファーストビューに入る要素（おすすめ、ランキング）がよくタップされる**

❷**カルーセルは、見えていないところはほとんどタップされない**

❸**開発者が多く使っているという事前情報があるため、WEB+DB PRESSは多くタップされる**

　これらの仮説がちゃんと検証できるよう計測する必要があります。

図1 架空の書籍販売サイトイメージ

どのように定義するか

タップ数をイベントトラッキングで計測するには、以下の3種類を定義します。以下は私がよく利用するパターンです。

- **イベントカテゴリ**
  タップされる要素が含まれる大きな枠組みで、エリアごとに分けるのがお勧め。今回の場合は「Recommend」「Ranking」「Web+DB_list」にあたる

- **イベントアクション**
  ユーザーがどのようなアクションをしたか。一般的には「Tap」「Click」などとするが、今回は何番目かを計測したいため「Tap_N」(N には項目の番号が数字で入る)とし、要素の位置も含めて分析してみる

- **イベントラベル**
  何のコンテンツかや何のラベルかわかるようにする。今回であれば「WEB+DB PRESS」「リアルサイズ古生物図鑑」「音声 UX」など

上記の定義を図1に行ったものが**図2**になります。

図2 イベントカテゴリなどの定義イメージ

実際のデータを見て仮説が正しかったかを考える

図3は、計測開始後しばらくしてからの架空のタップ数です。計測期間はサービスの特徴にもよりますが、アクセス数が曜日などで変化する場合は1週間、月末月初などに影響がある場合は1ヵ月を目安に考えるようにします。

図3 架空の計測数値

ⓐ イベントカテゴリ

イベント カテゴリ	ユニーク イベント数
1. Ranking	234
2. Recommend	189
3. WEB+DB_list	120

ⓑ イベントアクション

Recommend

1. Tap_1	**220**	(96.99%)
2. Tap_2	**8**	(1.00%)
3. Tap_3	**3**	(0.84%)
4. Tap_4	**1**	(0.67%)

ⓒ イベントラベル

イベント ラベル
1. WEB+DB PRESS
2. 音声UX
3. ネットショップ攻略大全
4. リアルタイム古生物

Ranking

1. Tap_2	**80**	(42.32%)
2. Tap_1	**64**	(33.86%)
3. Tap_3	**30**	(15.87%)
4. Tap_4	**5**	(2.64%)
5. Tap_5	**3**	(1.58%)

　それでは、この計測結果を見て仮説が正しかったか、間違っていたか判断できるか見ていきます。

　まず❶の仮説「画面上部のファーストビューに入る要素（おすすめ、ランキング）がよくタップされる」を検証するには、各コーナーの合計タップ数が比較するため、イベントカテゴリを見ることが有用です（図3ⓐ）。「Recommend」と「Ranking」は「WEB+DB_List」に比べてよくタップされています。しかし、「Recommend」は「Ranking」よりもページ上部の良い位置にありますが、「Ranking」のほうがタップされています。イベントラベルで具体的に何がタップされているのか見る必要がありそうですが、ランキングがコーナーとして魅力なのか、それとも高い位置より少し下のほうがよくタップされるのか、位置を変えて再検証をすることでさらに理解が深まりそうです。

　次に❷の仮説「カルーセルは、見えていないところはほとんどタップされない」を検証するためにイベントアクションを見てみましょう（図3ⓑ）。「Recommend」は1と2、3、4でタップ差が大きいこと、「Ranking」は3以降の数字が低いことから、仮説は正しいと言えそうです。この場合、ランキングはカルーセルをやめて、画面にすべて見えるデザインにしたほうがトータルのタップ数が多くなる可能性が考えられます。

UIデザインのためのGoogleアナリティクス

最後に❸の仮説「開発者が多く使っているという事前情報があるため、WEB+DB PRESSは多くタップされる」を見るためにイベントラベルを見てみます（図3❻）。「WEB+DB PRESS」は表示件数が多いため、足すと多くなりますが、❷の仮設の検証で確認したイベントアクションではRankingの2番目、そしてイベントラベルでも「音声UX」がよくタップされていることがわかります。このことから、開発者向けのコンテンツでもエンジニアではなくデザイナー向けのコンテンツを多く出すほうがユーザーに刺さりが良くなるかもしれないという新しい仮説を立てることができます。

　このように、あらかじめ仮説を立てておき、それらを判断するための計測を行うことで、より効果的なデザインへのきっかけになります。

　今回はより良いUIデザインを作るため、Googleアナリティクスの活用方法を紹介しました。「データ分析ができるようになりたい、それをデザインに活かしたい」と考える方も少なくないと感じています。分析力を付けていくためには、まず数値をちゃんと取得して、日々それをしっかりと観察する。そして、そこから得られる事実を正しく読み取ることを心がけましょう。

説得力・納得感のある
デザインにする工夫

　「自分が作ったデザインをより説得力あるものにするにはどうしたらよい
か」「デザイナーが周りにいないため自分でデザインしているが、いまいち
自信がない」──こういったご意見をいただくことは多々あります。実際に
本やWebサイトで勉強したり、いろいろなアプリやサービスのUIを研究
したりしても、いざ実戦の場でデザインをしてチームに説明するとなると、
「なぜこのデザインなのか」という説明をちゃんとするのは難しいものです。
私も日々苦悩しています。そんななかで、これまで自分のデザインを提案
する際に納得感を醸成する方法をいろいろ試みてみました。今回はそのや
り方についていくつか紹介します。

　大前提として自分が作ったデザインに自信を持って提案するのは、実際
にユーザーに使ってもらい、うまくいっている様子を確かめない限り、難
しいものです。しかし、自分の経験に基づいた価値観で最初は作ってみて
提案することも大切です。そのデザインを実際にリリースし、自分が考え
ていた仮説がうまくいっているか・うまくいっていないか状況を見て、改
善点を見い出してより使いやすくする。このプロセスを繰り返していくこ
とで、徐々に早い段階で使いやすくわかりやすいデザインの提案ができる
ようになってくるのだと思います。しかし、このような経験を積み重ねて
いくには当然、時間をかけて場数を踏む必要があります。

　そこで、ユーザーに使ってもらって検証した結果により説得力・納得感
を持ってもらう以外のことで、私が普段意識していることをいくつか紹介
します。

一緒に仕事をする人の好みや癖を読み取る

　ユーザーを向いている方法ではありませんが、サービスはプロダクトオー
ナーや経営者の考え方は当然、個性や好みも反映されます。それはデザイン
にも表れやすいと思っています。デザインの相談を受ける際に、その人がど
ういう価値観を持ち何を大切にする人かなども含めて理解することによって、

どの部分に時間をかけてデザインすればよいかのヒントにできます。

　私も、普段仕事を一緒にしている人がどういったこだわりを持っているか、仕事を重ねる中で把握しています。「あの人は色の好き嫌いがあって特に緑が好き」「あの人は文章の折り返しや言い回しなどに敏感」「あの人は多くは語らないけど、こちらの提案に対する期待値が割と高い」「あの人は過去に印刷業界にいたので確認には慎重」などです。依頼されるときの言葉そのままに作っていると、誰が作っても同じものになってしまいます。そこで、依頼主の好みや考え方を引き出してそれをデザインに反映するのもよいですし、自分に得意な表現がある場合はそれを提案に含めてみてもよいと思います。

できるだけ言葉を添えてデザインを説明する

　新規でデザインをする場合はそのデザインに影響を与えた要素を、リニューアルをする場合は既存のものと比較しての変更したポイントとその理由を、言葉で説明する癖をつけることが大切です。デザインはファーストインプレッションなど直感はとても大事だと自分も思っています。しかしこれは言葉で説明しにくい場合もあり、この直感をチームメンバーに共感してもらうのは難しいものです。まずは直感だけではなく、自分が作ったデザインの意図を言葉でちゃんと共有することが大切だと思います。

　1つ実際の例を紹介します。ロコガイドが提供する、スーパーやドラッグストアなどのお得情報を見ることができるサービス「トクバイ」[注1]のスマートフォンアプリのデザインに私が関わりました。その際に私が提案したデザインとそれに添えたデザイン意図に関する文章の実例が**図1**です。どういった点に気をつけてデザインしたかを3つの観点で説明しています。このようにすることで、エンジニアにも意図を汲み取ってもらいやすく、実際に実装する場合もコミュニケーションがスムーズになると思っています。

注1　https://tokubai.co.jp/

図1 筆者が作ったデザインに解説を添えた事例

デザイン変更の意図について

色調

- 現状のアクセントカラーがオレンジ・イエローのままだと、チラシや価格情報などコンテンツの要素に負けてしまうため、赤系のトーンを採用。アクセントとしてしっかり機能するように。階調の中でもビビッとなレッドと落ち着いたえんじを今ははめて見ている
- 背景色はあえて無機質なグレーにしてみている。コンテンツの情報量が多いので、無彩色にしてあえて色に情報量をもたせないようにしてみている
- プッシュ形のコンテンツの背景には薄い黄色にしてみているがこれが正解かは不明確、一般的に広告系のネイティブでこういう表現が多いので同じようにしているという意図が強い

情報密度

- 現状余白が多く密度が低い印象があるため以下のような変更を施した
  - 文字サイズを一回り下げる
  - カラム数を2.5程度に変更する
  - もっと見るの動線をタイトル横に移動する
  - カードの構造をコーナー単位からコンテンツ単位にして余白が少なくてもコーナー単位でも目に入りやすい状態に

情報整理

- 現状はコーナー単位にコンポーネントがバラバラになっているが、各コンテンツのサイズを揃え、コーナーを超えても秩序を感じられるように
- 各コンテンツごとの情報の並び順も基本的には同じにしてあるため、いつもある程度同じ期待値でみることができる

他社の事例などの情報を上手に参考にする

最近は、技術やデザインについての情報をオープンにするWebサービスも増えてきました。A/Bテストを行った結果やユーザーテストを行った結果など、有用な情報も公開されています。

- 「北欧、暮らしの道具店」のメルマガを AB テストで改善した話[注2]
- iOS 版『NAVITIME』アプリをリニューアルした話[注3]

当然ですが、これらの知見が自分の担当しているサービスに100%当てはまるということは基本的にはありません。自分たちのサービスに当てはめて考えたときにどこに共通点があって、どこに相違点があるのかを明確にすることが大切です。自分のデザインを提案する際の添付資料としてこれらの情報リソースを用意すると、より説得力が高まると思います。そのためにも、これらの資料をただ見流すだけではなく、ちゃんと活用できる

注2　https://note.com/kurashicom_tech/n/n104bec8332b6
注3　https://note.com/navitime_tech/n/n33bb56598235

ように整理しておくことが大切です。

デザインに関連する知識を役立てる

　UIデザインに直結する知識以外にも、説得力を増すために使える知識もあります。たとえば「行動経済学」や「認知科学」などです。これらの考え方が実際に結果に結びつくかは試してみないとわかりませんが、自分自身の納得感や提案をするときの説明の補助として役立つことがあります。

示差性について

　『心を動かすデザインの秘密』[注4]という認知心理学の入門書があります。この書籍では、「ほかとの違い」を知覚することを示差性という言葉を用いて解説しています。この示差性を生み出すためには、サイズの大小や色などさまざまなデザイン要素によって生み出されることが説明されており、選挙ポスターを例に示差性について具体的に事例が紹介されています。ポスターそれぞれが自分を目立たせようと過激な表現をしてどれも似た表現になってしまい、結果どれも目立っていない状態になっているといった内容です。実際に画面をデザインする際も、「あれも目立たせたい」「これも目立たせたい」と情報を積み重ねてしまうと、同様のことが起こってしまうかもしれません。

　この例は、サービスを運営していてUIデザインを考えるうえでも応用可能だと思います。たとえば「ある情報を目立たせてほしい」というオーダーが重なるようなケースでは、ほかの情報との優先順位はどれくらいかや、ベースになっているデザインの要件（ベースカラー、レイアウト、サイズといった情報）がどのようなものかが大切なことを説明できます。

　図2は、それぞれベースカラーの異なるサイトです。どちらも赤文字で注意文を書いていますが、ⓐとⓑを比較すると、ベースカラーが青のⓐは注意文との色の差が明確になり目立ちやすくなります。一方でベースカラーが赤のⓐでは、示差性が弱くなってしまい、文字の色だけでは注意を引くことが難しいため別の工夫が必要に感じられます。

　また、ⓐの注意文はⓑに比べて多くなっています。注意文自体が多くなっ

注4　荷方邦夫著『心を動かすデザインの秘密――認知心理学から見る新しいデザイン学』実務教育出版、2013年

図2　青をベースカラーにしたサイト（ⓐ）と赤をベースカラーにしたサイト（ⓑ）

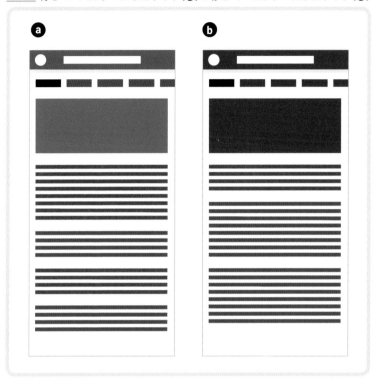

てしまうと、注意文の中での示差性が弱まり効果が薄れてしまうことにも
注意してください。

　以上、今回は普段私がデザインを作成して提案する際に、より自分のデ
ザインに説得力を増すための手段や考え方について書きました。本来デザ
インは製作者の好みやエゴで作るものではないとも思いますが、依頼主は
それに期待していることもあります。デザインの提案する際に、あなたに
しかできないこと、あなたならではのことを込めていくことで意外と説得
力が増すのではないかとも思っています。

7

考察、雑感

今、iOS/Androidアプリの デザインガイドラインにどう向き合うか

iOS における HIG（*Human Interface Guidelines*）[注1]、Android における Material Design[注2] は、特にスマートフォンアプリケーションなどのUIをデザインするうえではバイブルのようなものだと私はとらえています。iOS、Android それぞれのプラットフォームでどのような振る舞いをさせることが基本なのかの考え方やルール、適材適所のコンポーネントなど、一通り読んで実践することで基本に忠実なアプリのデザインを作ることができるとも思っています。

しかし、スマートフォンの登場から10年以上経ったことで、アプリも多様化が進みました。アプリの開発方法などもその間、さまざまな変遷を経ています。そんな今、これら2つのプラットフォームのガイドラインをどのようにとらえ、開発にその考え方をどう取り込んでいくか、主にUIコンポーネントをどのように取り扱うかという観点に焦点を当てて、私なりの考えを述べていきます。

HIGとMaterial Designの現状

それぞれのガイドラインは、頻度はまばらですが、定期的にアップデートがされてきました。

これまで Apple 製品の機能のアップデートやUIの変更が発表される、WWDC（*The Apple Worldwide Developers Conference*）が開催されるタイミングに合わせて HIG のアップデートを行うことがありましたが、2022年6月に開催された WWDC では特に大きくガイドラインが刷新されました（**図1ⓐ**）。ガイドラインの構造を整理しデバイスごと（iPhone、iPad、Apple Watch など）に何がサポートされているかなど見やすくなったほか、各ページの下部には関係のある WWDC でのセッションの動画が掲載され、いつごろにどん

注1　https://developer.apple.com/design/human-interface-guidelines/

注2　https://material.io/design/　昔は Android Design と呼ばれていました。

図1 HIG と Material Design

a HIG

b Material Design

な意図を持って定められたかがより追いやすくなっています。

　Material Design（図1**b**）は2022年6月までに3度のメジャーバージョンアップが行われ、現在Ver1, 2, 3と大きく3つのバージョンが存在しています。2022年の春にもアクセシビリティやフォントの利用についての大きなアップデートがありました。HIGと違ってメジャーバージョンが複数あるため、新規のアプリを作る場合などは、どのバージョンを意識するかの認識合わせも必要です[注3]。

　このように、どちらのガイドラインもアップデートを続けることにより、特に近年は、機能性のみならず美しい見栄えもガイドラインに沿うことで実現することが可能になったと思います。

　最近では、コンポーネントも多様化しています。たとえばiPhoneでは画面のタイトルは画面上部のNavigation barに中央ぞろえで配置して見せるのが一般的でした。しかし今はタイトルのパターンはこれまでの「Standard title」以外に「Large title」も存在します。Large titleを用いることで、上部のbarとの境界をなくし、文字を大きく表現できます。そのため、今いる画面がどこかがわかりやすくなるほか、文字の抑揚により印象的なデザインにも感じられます。このようにLarge titleを利用している公式のアプリケーションが増えています。

　図2の**a**はAppleが提供しているPodcastアプリです。画面の上部に左ぞ

注3　Ver1は古く、現在ではアーカイブ的な位置付けです。

図2 ___ 最新のトレンドを取れ入れたアプリのUIデザイン

ろえでタイトルの「今すぐ聴く」を大きく表示[注4] しています。また同様に、
❺の「宝塚歌劇Pocket」も「ホーム」の文字を大きく表示しています。ガイド
ラインのアップデート前はこのような表現はなかったため、ガイドライン
に沿って表現も変えることにより、新鮮で新しい印象になります。

Android と iPhone、それぞれ別の UI を作るのか

　ガイドラインのデザインのアップデートとは別に、開発の方法も多様化
しています。
　アプリ開発の良くない依頼事例として、昔から以下のようなエピソード

注4　https://developer.apple.com/design/human-interface-guidelines/components/
navigation-and-search/navigation-bars

があります。

- **iPhoneで作ったものをそのままAndroidに移植してほしいと頼まれた**
- **iPhone開発なのにAndroidのデザインを見せられて、こういうデザインでお願いしますと頼まれた**

　それぞれのガイドラインに従ってデザインすることが基本的なセオリーなので、上記のような依頼はデザイナーを悩ませていました。また、デザイナー自身が冒頭に触れた2つのガイドラインを知らない、または知っていても実践で活かせないことから、依頼内容をそのまま鵜呑みにしてしまい、アプリ開発エンジニアを悩ませるようなケースもあるように感じていました。しかし、昔と比べて2つのプラットフォームのUIを分けて考えるのではなく、ある程度一緒の方向性で考える機会が増えたと私は思っています。その理由は、これから紹介する以下の2つの要因が大きく関係しているように思っています。

- **基本的なコンポーネントの類似性の向上**
- **開発環境の変化**

基本的なコンポーネントの類似性の向上

　私の経験からすると、iPhoneアプリケーションやAndroidアプリケーションを作り始めた10年ほど前と比較すると、相互のプラットフォームのUIコンポーネントで指定されるものが拡充され、同じ機能を実現するものが増えてきたと感じています。たとえば、iOSで利用するTab Bars[注5]がMaterial Design 1の初期には存在していませんでしたが、2016年3月のMaterial Designのアップデートで、Bottom Navigationが追加されました（**図3**）。
　これによりAndroidでも、iOSのTab Barsの使い勝手と同じような構造を

図3　　Bottom NavigationとTab Bars

| Bottom Navigation (Android) | Tab Bars (iOS) |

注5　　コンテキストの違う画面を行き来するために画面下部で用いるコンポーネントです。

作ることができるようになったのです。そのため、下部にナビゲーション
を配置するアプリが増え、両プラットフォームでのUIの差が減ったように
感じています。

開発環境の変化

Googleが開発したクロスプラットフォーム開発のフレームワーク
Flutter[注6]や、Facebookが開発したアプリ開発のフレームワークReact
Native[注7]でアプリを開発する会社が増えていることも実感します。これら
を使うことで、一つのリソースでiOS、Android両プラットフォームの開発
ができます。その分制約も出ますが、早く動くものを作るという点には長
けていると実感しています。

　私はUIデザインをする前に、どのような開発方法を採用するか、iOS、
Androidどのような開発計画にするのかをもちろんすり合わせます。その
ためReact Nativeを利用する場合は、iOS、Androidの片方から開発を開始
する場合でも、その後大きく手を加えないでもう一方のUIデザインが成立
するように意識しながらデザインしています。

　このように開発環境の変化も、両プラットフォームの画面構造を近付け
ている理由の一つと考えています。

人気アプリの画面構造の実態

　では、実際に多くのユーザーに利用されているアプリはどうでしょう。
人気写真共有アプリ「Instagram」(**図4**)は前述したReact Nativeで実装され
ていると言われている代表的なアプリの一つで、iOS、Androidの画面構造
がほとんど統一されています。

　しかし画面上部に注目すると、アプリ名のロゴの位置がiOSは中央なの
に対して、Androidは左側です。これは、iOSのNavigation BarsとAndroid
のTopAppBarの違い(**図5**)で、現在も、両プラットフォームの間で異なっ
ているポイントの一つです。

　活動記録アプリStrava(204ページの**図6**)は画面中央は統一されていま
すが、上部と下部はそれぞれのプラットフォームが定めているコンポーネ
ントの特徴がよく出ています。

注6　https://flutter.dev/

注7　https://facebook.github.io/react-native/

図4 Instagram

図5 TopAppBar と Navigation Bars の違い

　このように、両プラットフォームの画面構造が近付いている実感はありますが、すべて一緒になっているわけではありません。開発環境であったり、開発にあたる人員であったり、サービス提供価値であったりによってどのような方針にするか考えましょう。

図6___ Strava

常にガイドラインに従うべきか

アプリのUIデザインを考えるうえで、両プラットフォームのガイドラインが重要であることは冒頭で述べました。しかし、ガイドラインを理解したうえで、理想的なUIデザインをするためにガイドラインに記載されたコンポーネントを使わない判断をするケースもあると思います。

その背景には、ガイドラインが登場したころに想定しなかった体験を持つアプリが登場したこと、当初想定していなかった端末が主流になってきていることなどがあると思います。

ガイドラインのコンポーネントと、体験に適した自由な表現

スマートフォンを通してさまざまなユーザー体験を提供するアプリが増えるなか、ガイドラインに記載されているコンポーネントだけでは、作り

たいアプリの価値を提供しきれないケースも当然あります。

　図7は、左がライブ料理動画サービスcookpadLive、右が動画コミュニティサービスTikTokです。動画を用いたさまざまなサービスが近年利用されており、これらはゲームなどのエンターテイメント性のある没入型アプリと利便性のあるツール型アプリの中間のようなタイプに感じます。

　どの画面も、ボタンなどの要素がコンテンツを極力隠さないように配置されています。

　これらのUIには標準的なコンポーネントではないながらも、共通点があるのがわかります。仮にガイドラインにあるコンポーネントだけで構成しようとすると、動画コンテンツのエリアと分けてアクションボタンやナビゲーションを配置することになり、動画コンテンツの良さが失われてしまいます。

図7　　動画サービスのUI事例

スマートフォン画面の巨大化と標準コンポーネントのギャップ

スマートフォンの画面サイズは、登場当初と比べてずいぶん大きくなりました。それに伴い、片手で画面全体を操作することは困難になりました。これまで画面上部に配置していたコンポーネントを画面下部に配置したり、ボタンなどをタップするのではなくジェスチャで操作したりするUIも増えています。

しかしそれぞれのガイドラインでは、この画面サイズが大きくなったことによるコンポーネントの変更点は一部だけです。ユーザーの利便性を追い求めると、ガイドラインから逸脱するようなUIも出て来かねないように感じています。

この画面サイズとUIデザインの考え方については、Go Andoさんの書いた記事「スマートフォンのディスプレイ巨大化に伴う、UIデザインの潮流」[注8]によくまとめられているため、参照することをお勧めします。

今回は、iOSのガイドラインとAndroidのガイドラインについて、UIコンポーネントの観点から解説しました。

スマートフォン登場直後、アプリのデザイン経験が少なく、ガイドラインを頼りにデザインをしていたUIデザイナーが多かったと思います。しかしスマートフォンの登場から時間が経ち、アプリの開発に慣れたデザイナーも以前より増えているように感じます。ただ、ガイドラインに沿ってデザインするだけではなく、あらためて自分たちが運営するサービスがどうあるべきかを開発チームで考えてみてもよいと思います。

また、ユーザーの環境やアプリでできる表現も多様化したことにより、既存の枠組みにとらわれず、新しい体験を作っていくことも求められています。そんな環境の中、これからも両プラットフォームのガイドラインのとらえ方も変化していくように感じています。

注8　https://note.mu/goando/n/n9346aea1b0ea

業務利用サービスのデザイン
多くの情報、専門用語をどう見やすく表示するか

　インターネットを利用するデバイスがPCからスマートフォンに移り変わっていますが、PCを中心にデザインを考えていかなければいけない場面もまだまだあります。筆者はこれまで主に生活の中で利用するサービス（以下「生活利用サービス」）のデザインを中心にやってきましたが、業務利用を目的とするサービス（以下「業務利用サービス」）のデザインを担当することも増えています。

　PCはスマートフォンと比べて一画面で扱う情報量が多いことや、特定の場所でしっかりと作業できることから、業務利用サービスにはスマートフォンよりも適しているとも言えます。

　今回は、これまで生活利用サービスのデザインを中心にやってきた筆者が、業務利用サービスをデザインする中で、それぞれで考え方の異なる点やデザイン上の工夫などを解説します。

ウィンドウの幅を意識する

　スマートフォンの場合、ユーザーが横幅を変化させることを強く意識することはありません。しかしPCの場合、ブラウザのウィンドウをユーザーが自由に操作できるため、環境によって大きさが異なることを意識しなければなりません。

テーブルレイアウトを工夫する

　特に業務利用サービスの場合は、一度に複数の情報を見比べるような場面もあり、一覧画面などに同時に多くの情報を配置しなければいけないケースがあります。そのため、幅を何ピクセルに最適化し、それよりも小さい場合はどのような見え方になるかに配慮することが大切です。

　図1は従業員データを記録して一覧にしたUI事例で、最小の幅で表示した状態を想定しています。ⓐは、「備考」の内容がテーブルの幅に収まり切らずスクロールしないといけません。ⓑは画面内に収まっていますが「備

考」の幅が狭く改行が多くなり、一覧としての視認性が落ちます。ⓒは任意項目である「備考」を2段目に配置します。1人あたりの高さはとりますが、情報が過不足なく収まり見やすくなります。ウィンドウをさらに縮めた場合でも無駄なスペースが少なく、要素が画面から横にはみ出ることもありません。そのため、このようなケースでは筆者としてはⓒがお勧めです。

クラウド会計サービスfreeeの取引一覧画面(**図2**)では、画面右端の「登録日時」と「登録した方法」が2段で表示されています。1段でも表示できますが、2段にすることによって横に配置する要素にゆとりを持たせることができるため、視認性が上がります。1画面に入る件数はそのぶん少なくなりますが、長くなって見えなくなる要素が出るより全体を網羅しやすくなっていると言えます。

図1 3タイプのテーブルレイアウトの例

ⓐ「備考」を見るにはスクロールしないといけない

社員番号	名前	なまえ	性別	所属部署	役職	雇用形態	勤続年数	備考
001	池田拓司	いけだたくじ	男	デザイン部	リーダー	契約社員	2年	2016年入社。最初は営業部
002	山田花子	やまだはなこ	女	技術部		社員	2年	

ⓑ「備考」が複数行になっている

社員番号	名前	なまえ	性別	所属部署	役職	雇用形態	勤続年数	備考
001	池田拓司	いけだたくじ	男	デザイン部	リーダー	契約社員	2年	2016年入社。最初は営業 部でのクリエイティブ担当 者を希望して入社するも上 司との相性が悪くその後デ ザイン部に異動。今年の春 からリーダー
002	山田花子	やまだはなこ	女	技術部		社員	2年	

ⓒ「備考」を2段目に配置している

社員番号	名前	なまえ	性別	所属部署	役職	雇用形態	勤続年数
001	池田拓司	いけだたくじ	男	デザイン部	リーダー	契約社員	2年
2016年入社。最初は営業部でのクリエイティブ担当者を希望して入社するも上司との相性が悪くその後デザイン部に異動。今年の春からリーダー							
002	山田花子	やまだはなこ	女	技術部		社員	2年

図2 freeeの取引一覧画面

	発生日	期日	勘定科目	税区分	金額	取引先 品目 メモタグ 部門 取引内容 備考	登録日時 登録した方法
収入	2018-07-19	❶	売上高	課税売上8%	1,000	池田工務店 デザイン費用を入金してもらいました	2018-07-19 16:42 請求書
収入	2018-07-12	❶	売上高	課税売上8%	5,400	Gallery Ikeda 今後の印刷に関する相談料込みです	2018-07-12 11:45 請求書
支出	2016-02-29	✔	交際費	課対仕入8%	3,000		2016-02-29 13:07 手動

右隅に重要な要素を配置する場合に注意する

ユーザーがウィンドウの幅を狭めた場合、右から影響を受けていきます。そのため、もし要素が横に広がりそうなときに、右隅に重要な要素を配置すると隠れてしまう可能性があるため注意が必要です。

図3の請求書作成サービスMisocaの請求書一覧画面では、「請求済」「未入金」のラベルが行頭にあります。「請求済」をクリックすると「未請求」に、「未入金」をクリックすると「入金済」に、それぞれこのアイコンをクリックすることで状態変更の操作をすることができます。これを行末に配置した場合、ウィンドウサイズが狭いとこのステータスに気が付かない可能性があります。

ウィンドウの幅も意識して、行頭から何の要素を配置していくか考えることをお勧めします。

図3　Misocaの請求書一覧画面（https://www.misoca.jp/）

横幅が可変なサイドバー

ナビゲーション目的のサイドバーを配置する場合、場所をとってしまいウィンドウの横幅を最大限活用するためには邪魔になってしまうこともあります。そのため、サイドバーの幅をコントロールできるようにすることがお勧めです。

図4のクラウドPOSレジサービスのスマレジでは、画面の横幅に応じてサイズの違う3段階のサイドナビゲーションがあります。特に日常的に使う業務利用サービスの場合は、日々利用しているうちにどのアイコンが何の意味を指すか、どこに何があるかを覚えていくことが想定されます。そのため、ナビゲーションがコンパクトにできたほうが機能的であるとも言えます。

図4 スマレジの3段階のサイドバーレイアウト（https://smaregi.jp/）

❶ アイコンと文字

❷ アイコン

❸ ハンバーガーメニュー化

文字情報を工夫する

文字情報も、UIデザインの大切な要素です。業務利用サービスはラベルや単語などの文字情報を変更しにくく、漢字や専門用語が多いため、硬い雰囲気になることがあります。

Twitterは「つぶやき」のことを「ツイート」と呼び、ほかの人のツイートを自分のタイムラインに流すことを「リツイート」と呼んでいるように、サービスで利用する単語に造語を使うことができます。また、たとえば「口コミ」という表現は漢字の「口」がカタカナの「ロ」に見えるケースもあるため「クチコミ」と表現したり、「検索」「探す」とすると難しくとらえられるため、あえて「さがす」と柔らかく表現したりするケースなどもあります。このように、ひらがなやカタカナをサービス運営側で意図的に使うことができます。

しかし、業務利用サービスで用いられる用語は変えることができないことがほとんどのため、限られた範囲での工夫が大切です。

ボタンの文字を動詞にする

硬くなりがちな画面の印象を緩和するために、**図5**のようにユーザーがアクションするボタンを「名詞」(**a**) ではなく「動詞」(**b**) にすることによってひらがなを混ぜ、柔らかくすることを筆者はよく行います。

もう一つのメリットとして、動詞にすることでボタンを大きく見せることができる点があります。画面におけるボタンの比率を上げることができるため、特にメインのアクションボタンでは存在感が上がり全体のバランスが良くなるとも考えられます。

図5 ボタンの文言

説明することを惜しまない

業務利用サービスは生活利用サービスと異なり、ユーザーが能動的に使いはじめるのではなく社内の担当者などから説明を受けて利用しはじめるケースも多くあります。生活利用サービスは、使い方がわからなかったり使いにくかったら別のサービスを使うという選択肢がありますが、業務利用の場合はそのサービスを利用しないといけません。そのため使い方がわからない場合、別の人に聞いたりサポートに連絡をしたりと別の負荷がかかってしまいます。

生活利用サービスをデザインする場合、画面に説明などを書かずとも直感的にわかるUIが大切です。業務利用サービスの場合もそうであることは前提ではありますが、専門用語や業務フローなど使い方をちゃんとUI上で説明することによって、サポートやほかの人のコストを軽減できる場合もあります。そのため、ツールチップUIなどをちゃんと用いて、説明を付与

することも大切だと考えます。

　図6は、特定の項目についてより詳しい内容を知りたい場合、「？」にマウスカーソルを合わせることで見ることができるバルーンヘルプの事例です。わからないユーザーだけが見るUIのため、画面はシンプルな状態を維持できます。

図6　バルーンヘルプを利用した事例

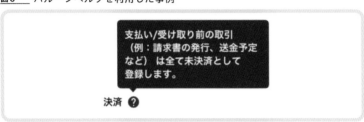

　今回は、業務向けのサービスを意識したUIデザインについて、テーブルレイアウト、文字情報という2つの切り口に着眼しました。UIデザインの領域は普段の生活に欠かせないツールやメディア、買い物をするためのEC、家族や友達と楽しむゲームのようなサービスもあれば、今回紹介したようなビジネスを支える業務向けのサービスもあり、それぞれのシーンやシナリオに適したデザインは異なることを意識しなければいけません。

中国のスマートフォンアプリの共通項
所変わればデザイン変わる

　2018年末、日本ではPayPayやLINE Payなどモバイル決済サービスが話題になりました。一方、中国ではAlipay、WeChat Payといったアプリを使ったモバイル決済が多くのユーザーに利用されています。またTikTokも国境をこえて話題になっており、中国のIT先進国としての認識も日本で高まっています。

　2017年に筆者は2度ほど中国に滞在していましたが、滞在期間中、中国のスマートフォンアプリやITサービスを自分事として触れる機会がありました。実際に利用していると、「これは日本にはない特徴だな」「このUIはほかの中国のアプリでも使われていたな」といった共通点や特徴に気が付くこともありました。

　今回はそんな中でも、特に飲食店情報、旅行情報、ECなど多数の情報を取り扱うようなアプリのUIデザインの共通項とその背景などについて考察します。

▌見た目の共通項

　中国というと、カラフルで派手な色彩であるという印象を個人的に持っていました。実際に、日本のメディア系サービスなどと比較すると色数を多く用いているように感じられ、抱いていた印象と近いものが多いように感じました。しかし、ただカラフルだというわけではなくトーンが統一されていて、美しく表現することを意識しているように感じとれます。

アイコンとグラデーションを使った下層への動線

　図1の3つの画面は、それぞれ別々のアプリのホーム画面です。ⓐは「淘宝」というショッピングサービス、ⓑは「大衆点評」という飲食店などのクチコミサービス、そしてⓒは「Ctrip」という旅行情報・予約サービスです。それぞれ業種が異なりますが、どことなくホーム画面が似ているのが特徴的です。

図1 異なるアプリのホーム画面（iPhoneアプリ）

ⓐ 淘宝　　ⓑ 大衆点評　　ⓒ Ctrip

　特に目にとまるのが、各コーナーへの動線のアイコンです。ビビットなカラーリングに柔らかいグラデーションがかけられています。その下にはテキストで説明が補足されています。

　このアイコンをタップし次の階層に遷移した場合、下の階層でも同じようなテイストのアイコンが動線に利用されているのです（**図2**）。

　このようなデザインを筆者がした場合、下層のデザインはホーム画面のアイコンの色をテーマカラーとして、世界観を色で分けることを意識すると思います。しかし、中国のこれらのアプリでは、動線の色とそれぞれのコーナーで表現されているUIのキーカラーは一致していません。意味の関連性よりも、それぞれの画面での見た目の印象に意識がいっていることが考えられ、コーナーごとや画面ごとでの分業があるのかもしれません。

図2 Ctripの階層構造とファーストビューのUI（iPhoneアプリ）

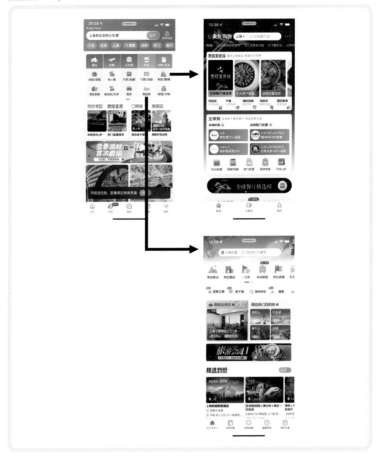

ディテールの作り込み

前述したように、アイコンの下に敷かれたサークルは微妙に繊細なグラデーションがかけられていますが、そのほかにも、このような細かいところの作り込みへの意識が感じとれる部分を紹介します。

図3は Huawei 製のスマートフォンにプリインストールされている AppGallery で、画面上部のフィーチャーアプリ紹介エリアです。一見一つの画像に見える要素は、テキストやアプリアイコン（前面の要素）と背景やキャラクター（背面の要素）でレイヤ構造が分かれていて、スワイプするとそれぞれ、ずれて動くことがわかります。アプリ名、キャッチ、アプリア

図3 Huawei AppGallery (Android アプリ) のUI

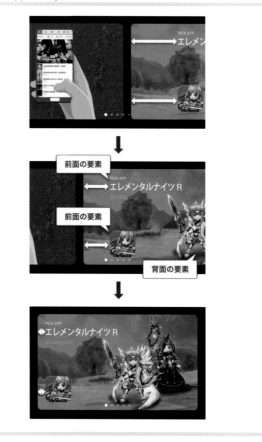

7

考察、雑感

イコン、背景とそれぞれ分けることによって、メンテナンス性の高いデザイン要素にすること、統一感を生み出すことを両立できていると思います[注1]。

　図4は上でも紹介した「大衆点評」を運営する会社の「美団」というアプリです。画面右下に固定で、袋のようなクーポンと思われるイメージが見えています。画面操作をすると薄くなるのですが、操作を止めるとまた上のようにはっきりと表示されます。細やかな振る舞いですが、手元にも近く動きがあるため、目にも止まりやすく感じられます。

注1　書籍執筆時点ではこのフィーチャーエリアは削除されていましたが、中国アプリの特徴でもあるディテールの配慮についての事例としておもしろいためそのまま掲載しています。

図4_____ 美団（iPhoneアプリ）

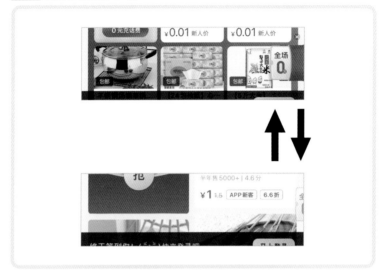

　このような、細かな動きのギミックが散りばめられており、コンパクトで効果的な演出をしています。購買意欲を高めたり、ユーザーの気持ちをひと押ししたりするようなサービスにおいては効果的に感じます。

　こういった細かな演出に力を入れられるのは、多くの人口がいる（多くのデザイナーがいる）中国だからこそなのかもしれません。

使い勝手の共通項

　アプリ内で決まったアクションをするとき、使い勝手にも共通点を感じる部分があります。中でも実際に利用していて特に感じられた2つについて紹介します。

画面キャプチャのUI

　アプリ内で画面のキャプチャを撮ると、キャプチャしたイメージのシェアを促されます。**図5**はAliExpress、Ctripの2つのアプリです。それぞれ異なるUIですが、シェアを促してきます。

　筆者が日本でユーザーインタビューをした際に、気になる商品や、行きたい場所、忘れないでおきたいことなどを、それぞれのお気に入り機能ではなく、画面キャプチャを撮ってギャラリーアプリで横断的に管理してい

中国のスマートフォンアプリの共通項　所変わればデザイン変わる

図5 キャプチャのUI

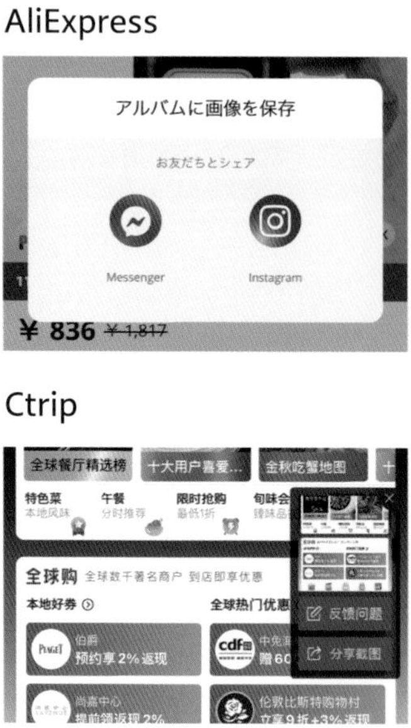

るようなユーザーと出会ったことがあります。日本でも同じようなことを考えられると思いますが、このような背景には、キャプチャを使ったキャンペーンや、キャプチャを友達にシェアするような機能が日本よりも多く利用されているのかもしれません。

場所選択のUI

筆者が体験したアプリでは、利用者の「場所」が意識的に強調されているように感じました。**図6**のように、画面左上にユーザーの設定した場所がダイレクトに変更できるUIをよく見ます。

中国はとても広い国なので、場所によって提供すべきコンテンツが大きく変わることがあります。また旅行計画を練る場合などほかのエリアの情報を取得しやすくするために、こういったUIの特徴に表れるのかもしれません。

図6　大衆点評の位置を表すUI

　今回は、中国で利用されているアプリのUIデザインについての特徴を考察してみました。当然ながら、ユーザー体験はユーザーがどのような暮らしをしているか、どのようにスマートフォンが使われているかに大きく依存します。中国だけではなく、世界中それぞれの場所に合ったUIデザインがあるように思います。

　あらためて日本人の暮らしにあったUIデザインがどのようなものか考えてみることも大切かもしれません。

長押しを使ったデザインの可能性

　ユーザーにわかりやすく使いやすいUIを提供するためには、ガイドラインに従ったりよくあるルールに沿ったりして作ると、ユーザーの学習コストが低く、何が起こるかの想像もしやすくなります。一方、新しいエッセンスやユニークな体験を取り入れることも大切なことだと思っています。その手段の一つとして、身近な生活の中で経験した快適な体験のエッセンスをうまく置き換えられるか試してみることを、私はやってみることがあります。

　今回は、ゲーム機やハードウェアで最近私がよく体験している「ボタンの長押し」をヒントに、Webサービスやアプリでどのような使い方ができるか、どのような特徴があるかを発想してみます。

長押しが使われている身近な事例

　長押しが利用されている最も身近なものの一つには、コンピュータの再起動があります。iPhoneやMacの電源ボタンを長押しして再起動した経験がある人は少なくないはずです。それ以外にも、ボタンなどを長押しすることは意外とよくあります。2つの事例を紹介します。

イヤホンのBluetoothペアリング

　最近のデジタル機器は、フォルムの美しさが際立ったデザインが多くなってきたように感じます。そのためボタンの数も減り、1つのボタンが複数の役割を果たすような事例も増えているように感じます。

　私が愛用しているソニーの「WF-1000XM3」というイヤホンでは、右耳用、左耳用イヤホンそれぞれのタップ操作に機能を割り当てられますが、両方を同時に長押しすることでスマートフォンなどの再生機器とペアリングします（**写真1**）。この製品以外でも、同じようにペアリングするためにボタンを長押しする経験をしたことが何度かあります。

　この使われ方を一般的な言葉にすると、「頻度高く利用するものではない

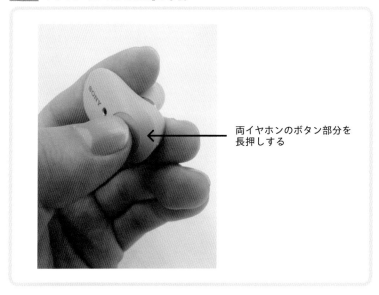

両イヤホンのボタン部分を
長押しする

けど、なくてはならない機能を割り当てたパターン」と言えます。

ゲームでのスキップ

　コンシューマー向けのゲームでも、ボタンの長押しがよく使われています。『熱血硬派くにおくん外伝 River City Girls』[注1] というゲームでは、シーンのつなぎとなる会話や動画の画面をボタンを長押しすることでスキップできます。ボタンを長押しすると画面の右上の「SKIP」の文字の色が左から右に別の色で塗りつぶされることによって、長押しでスキップできることを示唆しています（**図1**）。

　この使われ方を一般的な言葉にすると、「特定のアクションをショートカットするために利用したパターン」と言えます。

長押しを使ったデザインの可能性

注1　WayForward Technologies、アークシステムワークス開発、2019年発売で、プラットフォームは Nintendo Switch、PlayStation 4、Xbox One、Steam です。

図1 ゲーム『熱血硬派くにおくん外伝 River City Girls』の事例

アプリやWebサービスでの利用

　このように、ハードウェアやゲームで長押しを利用することはよくあり
ますが、PCやスマートフォンの操作で使うことはそう多くないように感じ
ます。現時点での利用例としては、テキストの選択や、iPhoneでのアイコ
ン長押しによるメニューを表示などが思いつきます。

ガイドラインでの言及

　Googleが提唱しているMaterial Designでは、長押しによる選択モードへ
の変更事例が言及されています。しかし、長押しすることによってモード
が変わることはユーザーにはわかりにくいとも解説されています[注2]。Apple
が提唱するHuman Interface Guidelinesの「Touchscreen gestures」では標準
的なジェスチャを紹介し、これらの利用を推進しています。長押し（Long
press）については、追加のコントロールや機能の表示に使うものとして紹
介されています[注3]。

注2　https://material.io/design/interaction/gestures.html#types-of-gestures

注3　https://developer.apple.com/design/human-interface-guidelines/inputs/touchscreen-
　　gestures

アプリで利用されている事例

　Twitter の iOS アプリでは、画面右下の投稿ボタンをタップすると投稿画面に遷移しますが、長押しすると上から「下書き」「GIF 投稿」「スペースを作成」のショートカットメニューが表示されます（**図2**）。

　Pinterest の iOS アプリでは、イメージをタップするとイメージの詳細画面に遷移しますが、長押しすると上から「保存」「編集」「選択または並び替え」「シェア」「LINE でシェア」のショートカットメニューが表示されます（**図3**）。押した状態からそれぞれのアイコンに指をずらすと、対応した画面に遷移します[注4]。

　いずれのメニューも通常タップした先の画面からも動線がありますが、長押しすることでショートカットになるのです。このことは気付いた人しかわかりません。しかし、これらの機能を普段よく使う人が気付くと、よ

注4　Twitter は iOS のみでしたが、Pinterest は Android アプリでも同様の動きをします。

図2　Twitter の投稿ボタンを長押しした場合

図3　　Pinterest のイメージを長押しした場合

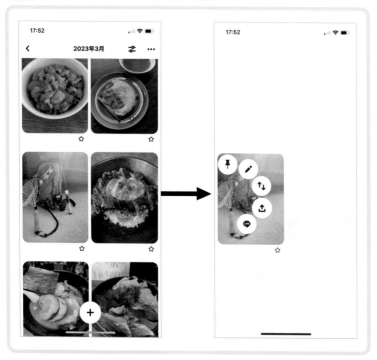

り便利な使い方ができるよう長押しが利用されている事例と言えます。

ゲームでの利用方法をスマートフォンで検証

　TwitterやPinterestのアプリでの事例を紹介しましたが、いずれもショートカットメニューとしての利用方法でした。そこで、スマートフォンでほかの利用方法が可能か少し検証してみました。図1でスキップの事例を紹介しましたが、これを応用してカートに入れる行為や決済・配送先情報などの入力をスキップしてボタンの長押しで即購入できるというアクションをECサービスで実現すると仮定します。

　UIを考えるうえで、「このボタンは長押しでアクションが完了する」とユーザーに認識してもらうことが重要です。

　図4❶では、ボタンを押し続けていると左から右にボタンの色が変わっていくことで表現しました。図1のゲームのUIでは操作をするコントローラと長押しであることを伝える表示要素は別々ですが、スマートフォンの場合は画面サイズの制約もあるためそれを同じにしています。そのため、

図4 長押しで即購入できるボタンの事例

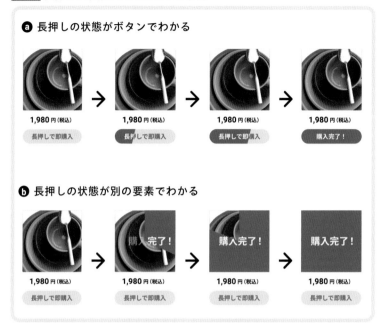

ⓐ 長押しの状態がボタンでわかる

1,980 円(税込) 長押しで即購入 → 1,980 円(税込) 長押しで即購入 → 1,980 円(税込) 長押しで即購入 → 1,980 円(税込) 購入完了!

ⓑ 長押しの状態が別の要素でわかる

1,980 円(税込) 長押しで即購入 → 1,980 円(税込) 長押しで即購入 → 1,980 円(税込) 長押しで即購入 → 1,980 円(税込) 長押しで即購入

図4ⓐでは指でボタンが隠れてしまい、長押ししていることに気が付かないことが考えられ、有用ではありません。

　そこで図4ⓑのように、ボタンそのものではなく購入する商品写真が徐々に購入完了に近付く案に変えてみました。

　しかしこの方法では、図2や図3の事例とは違い、ボタンにタップと長押しの2つのジェスチャを割り当てるのは難しく感じます。「お年寄りはスマートフォンやタブレットを利用する際、ボタンに触れて離さずに押しつづける光景をたまに見る」といった話を聞いたこともあり、そういう観点では、万人向けの操作には扱いにくいジェスチャかもしれません。

――――――――――――――

　今回はロングタップに注目し、普段と違う操作やアイデアが何か考えられないかを検証してみました。何気なく普段物を操作したり使ったりしている行為も、少し視点を変えてみると新しい発見につながるかもしれません。何かヒントを見つけたらためしに実装してみることも時には大切だと思っています。

「当然そうなるだろう」という思い込みを考慮する

スマートフォンを普段自分たちが操作するなかで、無意識に「こうなるであろう」と思い込んでいる、お決まりの動作や挙動があると思っています。「Twitterなどのようにフィードを下に引っ張ると新しい情報に画面が更新されるはずだ」「タブを選ぶと選んだものはアクティブな状態に変化するはずだ」などです。長い間いろいろなWebサービスやアプリを使っているなかで、時間の経過とともに振る舞いにはなんとなく固定概念が生まれていき、利用者の経験から「当然そうなるであろう」という期待値が生まれていくのです。

この「当然そうなるであろう」という動きがそうならなかったとき、利用者は、不自然さや違和感を感じがちです。そのため、普段と使い勝手が異なり使いにくく感じたり、使い方がわからなくて戸惑ってしまったりすることもあります。逆に、「当然そうなるであろう」と思っているものに違った動きを与えることで、驚きや新しい体験を感じてもらえるきっかけになることもあるかもしれません。

今回はこのユーザーの「当然そうなるであろう」という思い込み（メンタルモデル）とUIデザインについて書いていきます。

メンタルモデルとは？

冒頭に述べた、「当然そうなるであろう、当然そうであろう」という無意識な人々の思い込みのことをメンタルモデルと言います。UIデザインに限った言葉ではなく、いろいろな意味合いで用いられる認知心理学の言葉です。子どものころに犬に吠えられたり噛まれたりといった経験をしたことがある人は「犬とは怖い動物である」と思い込んでしまう。一方で、子どものころから犬を飼っていて身近な存在だと「犬はかわいくて癒される存在である」とずっと思い込んでいると思います。このようにメンタルモデルは自身の経験によって築かれる、人々が当然そうだと思っている価値観です。

図1は家庭用のガスコンロです。多くのガスコンロは火が出る位置に合うよう操作するつまみが配置されてデザインされています。そのため、ユー

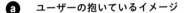

図1　ガスコンロの操作におけるメンタルモデルについて

ⓐ ユーザーの抱いているイメージ

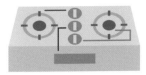

ⓑ 実装を優先したつまみの配置

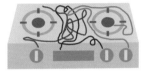

ⓒ 配線に無理があっても
ユーザーのイメージを優先した配置

ザーは図1ⓐのような配線イメージを持っているとも考えられます。しかし、実際内部の配線は必ずしもつまみの位置に配線がしやすいように設計されているとは限らず、実装を優先してつまみを配置しようとすると図1ⓑのようになってしまうかもしれません。このようなデザインにしてしまった場合、人々が想像するメンタルモデルを崩してしまうことになり、使い勝手も損ねてしまいます。そのため、配線が多少複雑になっても、図1ⓒのように、ユーザーのイメージする使い勝手を優先するため、技術的な工夫が必要になるのです。

思い込みと違う動きによる苛立ち

　ユーザーとWebサービスやアプリの体験の間にも、このような無意識な思い込みがしばしば形成されています。

　たとえば、特定のリンクをタップすると、リンクの内容に関連したページが表示されるとユーザーは想定しています（**図2ⓐ**）。しかし、最近のメディアなどのサービスではリンク元の情報とは異なる画面（広告）が表示さ

「当然そうなるだろう」という思い込みを考慮する

図2 リンクをタップすると直接ページに行くケース(ⓐ)と広告が表示されるケース(ⓑ)

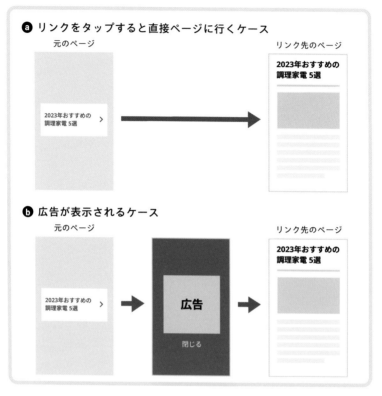

ⓐ リンクをタップすると直接ページに行くケース

元のページ　　　　　　　　　　　　　　　　リンク先のページ

2023年おすすめの調理家電 5選

ⓑ 広告が表示されるケース

元のページ　　　　　　　　　　　　　　　　リンク先のページ

2023年おすすめの調理家電 5選

広告

閉じる

2023年おすすめの調理家電 5選

れることも増えてきました(図2ⓑ)。毎回必ず広告が出るわけではなくたまに出てくるため、「当然リンク先が表示されるだろう」というユーザーのメンタルモデルと反してしまいます。これは、ある画面の説明にある下線テキストなどの情報をタップすると、当然そのテキストに一致した内容について書いてある画面に遷移すると私自身が思いこんでいるためです。仮にはじめてこれを体験するユーザーにとっても、自分がタップした情報と関係のない画面が表示されてしまうと何が起こったのかわからなくなってしまう可能性が高くなります。さらに目的の画面にたどり着くまでに1画面多くなるため、そもそもの使い勝手も落ちていると言えます。

　この例は、普段使い慣れたソフトウェアでの体験を題材にした、メンタルモデルの事例の一つだと言えます。

　このように、多くのサービスには昔からこうなるであろうという挙動に対しての先入観があります。その振る舞いをやめて新しい振る舞いを考え

る場合は、これまでの操作性や思い込みを覆してまで良い体験を提供できるかを想像して考えなければいけないと思っています。

思い込みのアップデート

前述した内容と似たような動きをもう一つ紹介します。アプリを起動した際に、**図3**のようなプロモーションバナーなどお知らせが表示されるケースが最近増えました。アプリを起動した際、まずホーム画面が表示されるのが普通だと私はこれまで思っていました。そのため、こういったプロモーションバナーがホーム画面に覆いかぶさり表示されることに煩わしさを最初は感じていました。しかし、最近このような情報を表示するアプリが増えたことで、私個人としてはその振る舞いに慣れてしまい、アプリを起動するとホーム画面ではなくプロモーションバナーが表示されるであろうと思い起動しています。

これがソフトウェアの正しい振る舞いかどうか、この表現が一般化することが良いことなのかという疑問はここでは語りませんが、もともとそうであった体験は慣れによってそうではないものにもなると考えられます。メンタルモデルも慣れによってアップデートされることはあるため、もともとの考え方に固執しすぎないという考えも必要だとも感じます。

図3 アプリ起動時のお知らせの表示例

ユーザーの思い込みを逆手にとった楽しさの演出

前述した2つの事例は、「当然そうなるであろう」というユーザーの思い込みにそぐわないネガティブな例として取り上げました。しかし、この「もともとユーザーが想像していたような体験」と違った動きをすることがマイナスばかりとも限らないと思います。そこにいつもと違った振る舞いをすることは、とらえ方によってはユーザーに驚きやハッとした楽しみを与えることができるかもしれません。「この機能はごくありふれたものだから、ほかのサービスと同様に、こうやってデザインしておけばよい」と考えてしまうことは味気ない発想とも言えます。

図4は、SNSなどでよくあるフォローボタンです。図4**ⓐ**は、ボタンを押したときに「フォロー」が「フォロー解除」になってボタンはプライマリボタンからセカンダリボタンに変化した例です。この振る舞い自体はさまざまなサービスで見られ特に不自然でもありませんし、ユーザーのそうなるであろうと想定した挙動のように感じます。

たとえば、そこに少しだけいつもと違う体験を考えてみるとします。図4**ⓑ**は図4**ⓐ**と基本的には同じ振る舞いですが、フォローしたユーザーの

図4 　　フォローボタンの例

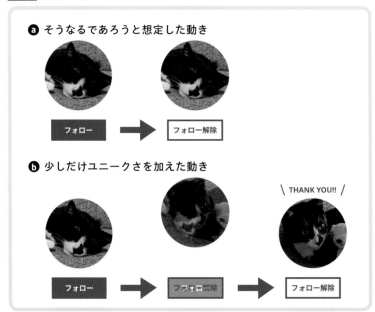

ⓐ そうなるであろうと想定した動き

フォロー → フォロー解除

ⓑ 少しだけユニークさを加えた動き

＼ THANK YOU!! ／

フォロー → フォロー解除 → フォロー解除

アイコンが少しだけ飛び跳ね、写真が差し変わり吹き出しで「THANK YOU!!」とメッセージを伝えます。一見フォロー・フォロー解除がトグルするという普通の挙動ですが、少しだけいつもと違うユニークな動きにすることができます。

　このように、「当然そうなるであろう」という振る舞いを見つけ、そこにちょっとした楽しさやおもしろさを植え付けることでサービスの味付けになります。

───────────────

　今回は、認知心理学で使われている用語「メンタルモデル」という単語をもとに、使いにくいという感覚や普段と違う振る舞いをすることによるメリット・デメリットについて触れてみました。冒頭にも触れたように、この単語はUIデザインに限った言葉ではありません。しかし、自分が作ったデザインを説得する際、また使いにくいものがなぜそうなのかという説明をする際に、こういう考え方があるということを身の回りの人に語ってあげることで、より説得力のある説明になるかもしれません。興味がある方はさらに調べてみてください。

おわりに

最後までお読みいただきありがとうございました。

本書のきっかけとなった「WEB+DB PRESS」の連載のお話をいただいた際に、企画書にあった「縁の下のUIデザイン」というタイトル。特に「縁の下」という言葉を見たとき、この言葉にしっくりきて、気に入ったことを今でも覚えています。

デザイナーの仕事と言うと派手なものをイメージする方もいると思いますが、実際はそういったものばかりではありません。特に私が関わる事業会社でのUIデザインの仕事は地味で、ポートフォリオ(作品集)に載せるには細かすぎることも少なくありません。そんな仕事にモヤモヤすることもあります。しかしそれでも、ユーザーが継続的にしっかりと使い続けられるため、サービスに対して愛着や好感を持ってもらうため、また何より会社にとって事業を成長させていくためにはこの積み重ねが欠かせないと思っており、やりがいを感じています。

冒頭でも書きましたが、本書にとり挙げたテーマや具体的な事例の多くは、実際に私が実務を通して経験したものがほとんどであり、そのときに私が実際に考えたことです。そのため、本書で取り上げたテーマが必ずしもみなさんの課題と一致するとは限らないとも思っています。サービスごとに、みなさん一人一人に異なる課題があるはずです。

最後に、本書をより一層ご自身の開発やデザインに役立てていただくためのアドバイスをさせてください。読み終えたあとに、私の書いた考え方や具体的な事例から一歩引いて考えてみてください。たとえば、「複数のデザイン案を作って客観的に自分のデザインを見直してみる」「普段使っているサービスを作った作者がどのような意図を持っていたのか自分なりに考

えてみる」「今まであまり関心を持っていなかった、自分の専門領域から少し離れた棚に置かれた本を読んでみる」といったことです。本書に書かれている内容を直接活かしていただくことはもちろんですが、アプローチ方法やデザイン手法などの観点で見つめていただくことで、本書の活用の幅がより広がると思っています。

　私の身の回りでは、NFTをはじめとする「Web3」、ChatGPTやStable Diffusionなどの「ジェネレーティブAI」の話題が日に日に盛り上がりを増し、技術進化に関しての話題にこと欠きません。そして、今後このような新しい技術が社会で活かされていくことが楽しみです。しかし、どんな社会になってもこれらの技術をしっかりとユーザーに浸透させていくためには、開発者の小さな工夫や細やかなこだわりが大切なことは変わることがないと感じています。

　最後に、本書を読んだ開発者が手がけるサービスを通じて、ユーザーの方々に少しでも便利に、そして楽しく、サービスを使ってもらうお手伝いができていれば幸いです。

索引

A

A/Bテスト 193
After Effects 23
Airbnb 23, 98
AirDrop 105
AliExpress 217-218
Amazon 86, 92
App Store 71-72

B

B2B 15
Bluetooth 220
Bottom Navigation 201

C

Chompy 118
cookpadLive 205
@cosme 21-22, 140, 143
Creema 99-100, 134-135
CSSフレームワーク 179
CTR 43, 154-155
Ctrip 213-215, 217-218

D

disableボタン 84
Dribbble 165

E

ELDEN RING 113-114
Excel 174

F

Facebook 28, 110-111, 139-140
Facebook Messenger 79
Figma 11, 38
FiNC 151
Flutter 160-161, 202
freee 3, 208

G

GitHub 29, 182
Gmail 40-41
Google 90-91
Google Chrome 39, 105
Google Photos 112
Google Play 138
Googleアナリティクス 3, 185
GreenSnap 42, 46

H

HIG 198
Holiday 6
Huawei AppGallery 216
Human Interface Guidelines
.... 2, 60, 138, 198, 222

I

Instagram 28, 33, 43, 93, 101-102,
153, 202-203
ITリテラシー 48, 174

L

Large title 199
LINE 2, 79, 81
LINEアプリ 42
LINEバイト 59
Lottie 23
LottieFiles 23

M

Material Design 2, 60, 70, 138, 180,
198-199, 222
minne 142-143
Misoca 209

N

Navigation bar 199
Navigation Bars 202-203
NAVITIME 193

ngx-admin 162
Nintendo Labo 24
Nintendo Switch 112-113

P

peep 61, 63
Pinterest 126-127, 175-176, 223-224
Podcast 200
Primer 182

Q

Quik 107-108

R

React 182
React Components 179
React Native 160-161, 202
Recharts 161

S

Sketch 38
Slack 29-30, 35-37, 80-81
SmartNews 25
Snapchat 110-111
SNS 28-29, 117, 186, 230
Strava 202, 204

T

Tab Bars 201
Tasty 107-108
TikTok 23-24, 205
TopAppBar 202-203
Tweetbot 140-141
Twitter 2, 33, 223

U

Uber Eats 146, 149

V

Vrbo 150

W

WF-1000XM3 220-221
WWDC 198

Y

Yahoo! ショッピング 21-22
YouTube 30-31, 110-111

Z

Zaim 4
ZOZOTOWN 86-87, 101

あ行

アイコンボタン 57
赤 2
アクセントカラー 173
アニメーション 22
いいね! 28
居酒屋 88
一休.com 125-126
イベントアクション 187
イベントカテゴリ 187
イベントラベル 187
今すぐ購入 86
インジケータ 7, 105, 107, 150, 156
インタラクション 77
絵文字 29, 80-81
エンプティステート 116
オキシ漬け 90
お気に入り 33
お知らせ画面 48-49
オートページャ 143

か行

解決案 157
ガイドライン 60, 199
回遊数 130
学習コスト 220
ガスコンロ 226-227
課題 157

索引

カードUI.................................70-75
カラーパレット................................. 10
カルーセル.............. 71, 146-147, 186, 189
既読...42
キナリノ..................................... 144
今日の見どころ 21
クックパッド 90-91, 99-100, 118
クックパッドマート 119
クラシル 99-100
「クリア」ボタン.............................59
クリップ.....................................33
グレー.......................................12
構成...10
『心を動かすデザインの秘密』......... 194
コーチマーク.............................15-16
コンテキスト..................................29
コンバージョン 86, 149
コンポーネント 56, 64, 70, 109, 136,
179, 198, 204

さ行

ジェスチャ...................................222, 225
シークバー 66
実装コスト....................................122, 165
自動保存.....................................38
シナリオ 79
絞り込み 169-170
受動的な体験 90
初期リリース 167
ショートカット......................221, 223-224
スキューモフィズム...........................70
スケルトンスクリーン................... 110-111
スタイルガイド 179
ステッパー....................................68
ストーリー 155-156
スピナー 104-105, 107, 109-110
スプラッシュスクリーン 110-112
スペースマーケット............................18
すべて既読 46
すべて保存 40

スマレジ 209-210
スライダー 65-68
スワイプ 86, 128, 147, 215
生年月日 65-66
セカンダリ 56, 60-61, 63
ゼルダの伝説　ブレス オブ ザ ワイルド
.... 113-114

た行

ダイアログ.................... 35, 39-40, 156
宝塚歌劇 Pocket 200
タグ 169-170
縦配置メニュー 136
タブ 25, 42, 136, 138, 226
中国 213
直感 2, 15, 28, 66, 124-125,
129, 135, 192, 211
直帰率 130
通知 51-52, 155
ツールチップ.................................. 18
テキストフィールド 64-65
テキストボタン................................57
デザインガイドライン 179
デザインシステム ... 178-180, 182, 184
テーブル 74-75
テーマカラー 9, 12
電話番号 64-65
透過 13
トクバイ 192
「閉じる」ボタン..............................58
トランジション 25, 156
トーン 9-10, 12, 213

な行

長押し 220
ナビゲーション..............................20-21
並び替え 169-170
入力フォーム 79-80
認知心理学..............................226, 231

熱血硬派くにおくん外伝
　River City Girls 221-222

は行

配色 10
パターンライブラリ 179
バッジ 44, 46, 51
はてな 32
はてなスター 32
はてなブログ 32
早送りボタン 24
バルーンヘルプ 212
ハンズフリー 93
ハンバーガーメニュー 21
ファーストインプレッション 192
ファーストビュー 86, 133, 186, 189
フィード 94, 226
フィードバック 28-30, 32, 34
フォーカス 79, 149
プライマリ 56, 60-61, 63
フラット 70-71
プラットフォーム 90, 161, 198, 202, 204
フリーワード検索 169-170
プルダウン 35, 65-68
フレームワーク 202
プログレスバー 105, 109-110
フロッピーディスク 35
ペアリング 220
ページャ 40, 143
ベースカラー 173, 194
保存 33, 35, 37-38
ボタン
　アイコン〜 57
　大きい〜 57
　小さい〜 57
　テキスト〜 57

ま行

待ち時間 109
マッチングサービス 76

マネーフォワード 70-71
みてね 106
未読 42
未読数 44
ミニマム状態 167
無彩色 12
メッセンジャー 76
メルカリ 99
メンタルモデル 226, 228, 231
メンテナンス性 216
モーダル 15-16, 49, 58, 88
もっと見る 142

や行

有彩色 12
ユーザーインタビュー 185, 217
ユーザー調査 185
ユーザビリティ 74
横配置メニュー 136

ら行

ライトフィードバック 28-30, 33
楽天証券 86-87
ラジオボタン 35
リスト 71-72
理想状態 167
リテラシー 101
レスポンシブ 74
レンガ状 175

わ行

ワイヤフレーム 10

その他

大众点评 213-214, 219
美团 216-217
淘宝 213-214

著者プロフィール
<hr>

池田 拓司 （いけだ たくじ）

2002年多摩美術大学卒業後、ニフティ㈱、㈱はてな、にて様々なサービスの開発及び新規サービスの立ち上げにデザイナーとして関わる。2012年よりクックパッド㈱にて、スマートフォン向けのUIデザイン及びフロントエンド開発を担当。グローバル向けプラットフォームアプリの設計、デザインマネジャー、執行役なども経験。2017年にデザインアンドライフ㈱を設立し代表取締役に（現任）就任。2021年に㈱くふうカンパニー執行役（現任）に就任しデザイン開発領域を管掌。2022年よりデザイナーのコミュニティ組織㈱CLAN、多摩美術大学 情報デザイン学科非常勤講師としても活動を行う。ウェブ・アプリなどのサービスの設計、及びデザインシステムの構築支援、デザイナーの組織づくりを中心に活動中。
Webサイト：https://designandlife.co.jp
twitter：@tikeda

カバー・本文デザイン	…………	西岡 裕二
レイアウト	…………	酒徳 葉子
編集アシスタント	…………	北川 香織
編集	…………	池田 大樹

WEB+DB PRESS plusシリーズ

縁の下のUIデザイン
小さな工夫で大きな効果をもたらす実践TIPS＆テクニック

2023年 5月 4日　初版　第1刷発行
2023年 7月26日　初版　第2刷発行

著者	…………	池田 拓司
発行者	…………	片岡 巌
発行所	…………	株式会社技術評論社
		東京都新宿区市谷左内町21-13
		電話　03-3513-6150　販売促進部
		03-3513-6175　雑誌編集部
印刷／製本	…………	日経印刷株式会社

●お問い合わせ

本書に関するご質問は記載内容についてのみとさせて
いただきます。本書の内容以外のご質問には一切応じ
られませんので、あらかじめご了承ください。
なお、お電話でのご質問は受け付けておりませんの
で、書面または小社Webサイトのお問い合わせフォー
ムをご利用ください。

〒162-0846
東京都新宿区市谷左内町21-13
株式会社技術評論社
『縁の下のUIデザイン』係
URL https://gihyo.jp/　（技術評論社Webサイト）

ご質問の際に記載いただいた個人情報は回答以外の目
的に使用することはありません。使用後は速やかに個
人情報を廃棄します。